情報活用の「眼」

——データ収集・分析，
そしてプレゼンテーション

菊地　登志子
根市　　一志
半田　　正樹
　　　　著

共立出版

まえがき

　わたしたちが日常的に口にするイカ（烏賊）。いまでは、そのほとんど全てが人間が釣ったものではない、ということをご存じでしょうか。30年以上前からイカ漁には、単なるイカ獲り機械ではない「ロボット」が使われ始め、それが現在全面化しているという事実を知っている方はそう多くはないのではないでしょうか。

　様々な分野に、実用レベルで導入されて久しいロボットですが、ここ数年の動きを見ると「人間社会とロボット」の関わりが新たな段階に入りつつあるように感じられます。

　ロボットは、センサーとコントローラーとアクチュエーターを備え、したがって「感じとり、思考し、作業する」能力をもつ点で単なる機械とは区別されるといわれてきました。そして例えば2014年の夏に、米IBMが人間の脳が行なっているのと同じように同時並行的に情報処理をするコンピュータチップを開発したことが伝えられました。このようなチップをロボットに組み込むとすれば、一段と機能を高めたロボットが出現することは容易に想像されます。

　わたしたちは、2013年末から翌14年の初頭にかけて、米Google社がロボット関連企業の買収を次々と精力的に行ない、世界中に衝撃を与えたことも鮮明に記憶しています。日本の東大発ベンチャー企業「SCHAFT」も買収対象になりました。米Google社は、究極の安全運転の実現をはかる「完全自動運転車＝自動車型ロボット」の開発に本格的に参入していることに見られるように、何よりもテクノロジーによる問題解決を掲げるところにその最大の特徴が示されています。有力ロボット関連企業の買収も、その一環と見てよいでしょう。製造にとどまらず物流や、さらには医療、介護・福祉や家事といったそれぞれ特殊な解決策が求められる分野に導入されるロボットを想定し、これからの世界のロボット市場をリードしようという意思表示とも解釈できます。

　周知のように少子高齢型社会の進展のなかで、労働力不足の問題に直面して、この国の政権が――高齢者のカムバックや女性登用、外国人採用などとともに――「ロボットを成長戦略の柱にする」ことを掲げたのも記憶に新しいことです。

　先に「人間社会とロボット」の関わりが新たな段階に入りつつあるように感じられると述べたのもこうしたことを念頭においたからでした。

　しかし、冷静に考えると、医療用ナノロボットのような「人間にできないこと」をになうロボットと同時に「人間にできること」を受けもつロボットの普及・浸透という事態は、「人間が働くこと」「人間にとっての労働」をいま一度深く省察すべきことを要請していると読み解くべきなのかもしれません。

　あたかも情報テクノロジーがすべてを支配してしまうような人間社会に対して、わたしたちが主体としての尊厳を失うことなく「働いていく」ことをどのように表現していくのかという問題ともいえます。

　わたしたちが、今回このテキストを刊行しようと思ったのは、こうした「人間と情報テクノロ

ジー」とのいわば緊張した関係を超える視座をどのように獲ていくのかを追究しようと思ったからでした。その第一歩として、ホモサピエンス（知恵あるヒト）として具えるべき情報リテラシーとは何かをつきとめてみたかったのです。情報テクノロジーやその具体的表現としてのコンピュータにふりまわされるのではなく、あくまでもコンピュータを道具として使いこなす、その力をどうやって身につけるのかを考えてみようということです。

コンピュータを道具として使いこなす！言葉で表現すれば当たり前のようにひびくかもしれませんが、もちろん簡単にできることではありません。

ポイントは、コンピュータを道具としてつかいこなすことは、たんにコンピュータの操作を覚えるのではなく、その操作を何のために行なうのかを適切に理解して、自分の言葉で説明できるという点にあります。ここが最も大事なところです。

したがって、このテキストでは、どんなことを考えるのか（どんな主題・テーマに取り組むのか）、そのために必要なデータ、情報をどんなふうに手に入れるのか、得られた情報は正しいものか、必要としたまさにその情報なのか、こうしたことを的確に判断できることをまず基本として目指します。そして画面に表示された数値、データの意味を正しく読み解きつつ、データ分析の結果を整理し、それを自分の考えにまとめ上げて、誰にでもわかるプレゼンテーションができるようになる、これを最終目標と考えました。

このテキストを常に携え参照することで、この目標を自らの手でつかんでいただけたら、著者の喜びとしてこれに優るものはありません。

制作、編集に際しましては、共立出版の寿日出男氏と中川暢子氏に大変お世話になりました。有難うございました。書名を考えて下さった今田雄貴さんにも厚く御礼申し上げます。

2015 年 2 月

菊地　登志子
根市　一志
半田　正樹

目　　次

第 0 章　情報リテラシーとは　　1

第 I 部　情報を活用するための準備　　5

第 1 章　情報倫理　　8
　1.1　インターネットと情報　　8
　1.2　情報倫理の必要性　　10
　1.3　情報倫理のガイドライン　　11
　　1.3.1　Web 利用上の注意　　11
　　1.3.2　プライバシーの侵害と名誉毀損　　12
　　1.3.3　知的財産権の法的保護　　13
　1.4　サイバー犯罪　　15
　　1.4.1　不正侵入　　15
　　1.4.2　マルウェア　　16
　　1.4.3　DoS 攻撃　　18
　　1.4.4　迷惑メール　　19
　　1.4.5　詐欺　　21
　1.5　自己責任と自己防衛　　21
　課題　　23

第 2 章　インターネットにおける情報の保護　　25
　2.1　プライバシーの重要性　　25
　　2.1.1　電子メールにおけるプライバシーの侵害　　26
　　2.1.2　Web におけるプライバシーの侵害　　28
　2.2　情報の暗号化　　29
　　2.2.1　共有鍵暗号方式　　32
　　2.2.2　公開鍵暗号方式　　33

2.3	電子署名	34
2.4	電子証明書	36
2.5	SSL	41
課題		46

第3章　Web上のコミュニケーション　47

3.1	インターネットとコミュニケーション	47
3.2	Webコマース（エレクトロニック・コマース）	51
3.3	インターネット・ショッピング	53
3.4	インターネット・ショッピングの問題点	56
課題		58

第4章　情報を収集する―図書、新聞記事、Web上の情報　59

4.1	図書の検索	60
	4.1.1　身近な図書館で	60
	4.1.2　他の図書館の利用	61
4.2	新聞記事の検索	63
4.3	検索エンジン（Web検索ツール）	64
4.4	テーマを調べる	65
課題		68

第5章　情報を発信する―レポートとホームページ　69

5.1	レポートの作成	70
	5.1.1　レポートを書くための準備	71
	5.1.2　レポートの構成	80
	5.1.3　レポートの一例	86
5.2	ホームページを活用した情報発信	98
課題		101

第II部　データを分析する―Web上の最新データを用いて　103

第6章　グラフを描く―家計調査　107

6.1	さまざまなグラフ	108
	6.1.1　変化を見る	108
	6.1.2　比較をする	109

		6.1.3 比率を見る	111
	6.2	実収入の減少がもたらす消費支出の変化	113
		6.2.1 問題設定：1997 年と 2013 年の消費支出の比較	113
		6.2.2 データの収集：家計調査	114
		6.2.3 支出が増加した費目	115
		6.2.4 支出が減少した費目	120
		6.2.5 むすび	122
	課題		123

第 7 章　統計量を計算する―地方財政　　124

7.1	統計量	124
	7.1.1 代表値	124
	7.1.2 散らばりを表す値	125
	7.1.3 ヒストグラム	126
7.2	地方財政を分析する	129
	7.2.1 問題設定：地方の歳入・歳出の分析	129
	7.2.2 データの収集：地方財政統計	130
	7.2.3 歳入・歳出から見た都道府県	130
	7.2.4 人口 1 人当たりの歳入・歳出から見た都道府県	136
	7.2.5 人口の少ない県の財政の比較	141
	7.2.6 むすび	144
課題		145

第 8 章　関係を調べる―物価とマネーストック　　146

8.1	物価指数とマネーストック	146
	8.1.1 代表的な物価指数	147
	8.1.2 マネーストック	150
8.2	相関係数と回帰分析	153
	8.2.1 物価指数とマネーストックの相関係数	153
	8.2.2 前年同月比で見た物価指数とマネーストック	156
	8.2.3 マネーストックと国内企業物価指数の回帰分析	160
8.3	経済活動とマネーストックの重回帰分析	163
	8.3.1 問題設定：経済活動との関連性	164
	8.3.2 データの収集：鉱工業生産指数と第 3 次産業活動指数	164
	8.3.3 モノの面から見た経済活動とマネーストック	165

		8.3.4 国内企業物価指数を予測する	167
		8.3.5 むすび	169
	課題		170

第9章 みんなで研究発表—少子化問題　171

9.1 研究発表をする　171
9.1.1 研究発表の手順　171
9.1.2 みんなでまとめるレポート　173
9.1.3 効果的なプレゼンテーション　175
9.2 研究発表の例　176
9.2.1 レポート　176
9.2.2 プレゼンテーション　185

参考文献　192

索　引　193

第0章
情報リテラシーとは

　コンピュータは道具です。文章を書く、計算をする、グラフを作る、メールを交換する、ホームページをみるなど、この道具を使うとさまざまなことができます。でも、これらの操作に戸惑う人は、今ではほとんどみられません。誰でも簡単に操作できる、コンピュータはそういう家電製品になりました。
　でも、「操作ができる」ことと、「コンピュータを使いこなす」ことは、同じではありません。誰でも簡単に操作できるのですから、「操作ができる」程度では「コンピュータを使いこなす」とは言えないのです。では、「コンピュータを使いこなす」とは、どういうことなのでしょうか。大事なことは、「操作ができる」ことではなく、その操作を何のためにするのかなのです。コンピュータを使って計算をしても、その結果が問題解決にどうつながるのか、現状の改善にどう活用できるのか、それらが示せなければせっかくの計算結果も役には立ちません。このような目的のために、コンピュータを用いて情報を活用することができる、これが「コンピュータを使いこなす」ということです。
　リテラシーは知識を活用する能力のこと、情報リテラシーは情報を活用する能力のことを意味しています。具体的には、的確な情報を収集する能力、データを分析する能力、結果を判断する能力、そして情報伝達・発信の能力です。
　今は、インターネットを利用することで、個人が発信する情報から、企業や中央・地方政府が発信する情報まで、やまのような情報が一瞬で入手できます。でも、これらの中には正確さを欠いた情報や、意図的にゆがめられた情報なども含まれ、残念ながらすべてが有益・良質な情報とは言い切れないのが現状です。したがって、これらの膨大な情報のなかから、的確な情報だけを見極めて収集する能力は、情報を活用する第一歩となります。データを分析する能力、結果を判断する能力は、情報を読み解く力です。絵や文章は見たり読んだりすれば、内容を理解したり、その特徴をとらえることができます。でも、数値で表される情報は、眺めたり読んだりしても、それだけでは特徴をとらえることは困難です。数値情報は、情報を読み解く力を身につけなければ理解できないのです。それと同時に、情報伝達・発信の能力を兼ね備えること、これがとても重要なポイントです。例えば、画期的なアイデアを考えついたとしても、そのよさを的確に伝えられ

なければほかの人たちの理解は得られないでしょう。情報伝達・発信を効果的に行うことが、情報を活用する最後の締めくくりであり、情報リテラシーはこの情報伝達・発信の能力も含めてとらえる必要があるのです。

　このような基本的考えに基づいて、情報を活用する能力が効果的に身につくよう、この本では次のようなプログラムを作成しました。I部では、情報を活用するために必要な知識や道具（ツール）を準備することが目的です。第1章、第2章でインターネット利用の際に守らなければならないことや、心得ておかなくてはならないことを詳しく説明します。第3章では、インターネット上に提供されている情報やサービスを介して、人や企業、行政がどのようなコミュニケーションを展開しているのか、それらがこれからの社会や経済をどう変えて行くのかをみていきます。第4章は、あるテーマを設定した上で、そのテーマについての情報をどのようにして集めるのかを具体的な例を示して解説しています。第5章では、情報発信の道具として、レポートとホームページを作成します。レポートの書き方について例を示しながら説明しますので、実際に自分の考えをまとめて発信してみましょう。これらはII部のテーマであるデータ分析の結果をまとめ、発信していくために必要な大事な内容です。しっかりと身につけてください。II部の第6章から第8章は、ある問題を設定した上で、その問題を解決するために必要なデータの分析方法について説明します。インターネット上に掲載されているさまざまな統計調査や経済指標の最新データを用いて、その数値データから何がわかるのかをじっくりと考え、情報を読み解く力を身につけます。

　ここまでは「あるテーマを設定した上で」とか、「ある問題を設定した上で」というような前提を付けて説明をしてきました。第9章では、このテーマを自分たちで設定するところから始めます。新聞を読んだり、ニュースを聴いたりして疑問に思ったこと、また身の回りの出来事で感じた「なぜこんなことが起こるのだろう」、「これって本当なのだろうか」というような疑問から問題点を発見してください。これが、テーマの設定につながります。そして、これまで見よう見まねでやってきた情報検索、データ分析を、もう一度復習するように自分たちのテーマに沿って実践していきます。最後は分析結果から得られた新しい提案をプレゼンテーションし、みんなで研究発表を行いましょう。自分たちのテーマで実際にやってみると、わからないことがたくさん出てきます。何を示せば問題が明らかになるのか、どのような分析結果を示せば新しい提案や示唆をほかの人に理解してもらえるのか、これを一つ一つ解決していくことで真の「コンピュータを使いこなす」力が効果的に身についていきます。

　最後に、この本のレポートやデータ分析に使用するソフトウェアは、文章作成が可能なもの、表計算やグラフが作成できるものであれば何であってもかまいません。また、この本ではソフトウェアの使い方は一切記載していません。使い方は自ら体験するなかで、試行錯誤しながら覚えるのが一番だからです。操作の手順を逐一指示しその指示通り覚えるのは、「訓練」でしかありません。試行錯誤をし、あれこれ失敗をしながら覚えていくのが「学習」です。正解だけを学ぶことより、失敗も含めて学ぶことのほうが大事なのです。なぜなら、これが応用力を身につける基になるからです。ソフトウェアの使い方は、「訓練」ではなく「学習」を通して身につけてくださ

い。レポートを書く、分析をする、そのときにこういうレイアウトにしたい、こんなグラフが描きたい、どうすればよいのだろう、こうしたことを失敗も含めてぜひ「学習」して欲しいと思います。

　さあ、それでは始めましょう！個性豊かな研究発表がたくさんとび出してくるようがんばってください。

第 I 部

情報を活用するための準備

I部の目的は、情報を活用するために必要な知識や道具（ツール）を準備することです。

　最初に、必ず身につけて欲しい情報倫理とセキュリティを取り上げます。

　現在では、世界中のコンピュータ上にある情報を誰でも入手できる環境が提供されています。それは大変便利なことなのですが、同時に世界中のありとあらゆる人がコンピュータ・ネットワークにアクセスすることになるということを知っておく必要があります。つまり、インターネットを利用する場合、他人に迷惑をかけない、危害を加えないといった一般市民として当然守るべき倫理だけではなく、インターネットという独特の環境のなかで守らなくてはならない倫理も身につけなければなりません。しかも万が一こうした倫理を守らない人がいた場合には、その異常事態からコンピュータを、いいかえれば自分を守るいわゆるセキュリティの確保を自分で行うことが必要になります。こうしたことについての知識を全くもたずに、インターネットを利用することは、無謀なことと言わざるを得ないのです。情報倫理とセキュリティの知識をしっかりと習得しましょう。

　そのような知識を身につけたうえで、インターネットを活用したさまざまなコミュニケーションに触れてみてください。そこで展開されているビジネスや非営利的な活動にあたってみることにより、情報を発信することの意義、効果を自分で実感することができるようになります。世界中の人々が、さまざまな情報や意見を発信しているからこそ、必要なものが入手できるのです。それが、ビジネスにつながっている場合もあれば、みんなで自然を守ろう・環境を守ろうという運動につながっていたり、災害のボランティアを集める活動のベースになったりしています。また、1人の考えに多くの人が共感して、市民運動に広がっていくこともあるでしょう。インターネットをどう活用するかはアイデア次第なのです。

　また、やまのように提供されている情報から、必要とする情報を見つけだすのは今や大変な作業になってきました。効率よく的確な情報にたどり着くためには、情報検索というツールを上手に使いこなさなくてはなりません。キーワードで検索する場合、どのようなキーワードを指定すると求める情報が得られるのか、勘を働かせながらやってみましょう。

　情報を活用するための準備（I部）の最後が情報発信です。情報検索で必要な情報が得られるのは、その情報を発信してくれる人がいるからです。ということは、情報を入手するだけではなく、発信することも大事だということです。レポートにまとめる、プレゼンテーションをする、ホームページに公開する…、このような情報発信はすべてII部におけるデータ分析で実際に活用するための準備ですのでしっかり身につけるようにしましょう。

第1章

情報倫理

1.1　インターネットと情報

　「コンピューター」という言葉は、日本語では「計算機」という意味になります。計算機とは、計算をするための機器であり、現在のようにインターネットが普及する前までは、主に、複雑な数値計算のために使用されていました。

　しかし、現在のコンピューターの利用形態は、「計算機」としての利用はもちろんですが、そのほかに、レポートなどの文章を作成したり、表計算やグラフの作成をしたり、プレゼンテーションに利用したり、音楽や映像、ゲームなどを楽しんだり、インターネットに接続し、Webやソーシャル・ネットワーキング・サービス（SNS）を楽しんだりというように、むしろマルチメディア機器としての利用のほうが一般的です。このようなコンピューターの利用形態に変化した背景には、インターネットが一般家庭に普及したことがあげられます。

　インターネットとは、データ通信上のある決まり事を使用して相互に接続されたコンピューター・ネットワークの世界的な集合体です。インターネットは、世界中に存在するネットワークを相互に接続し、個々のネットワークに接続されたコンピューターを世界的に結ぶことによって、利用者はそこに蓄積された情報や知識を共有することができます。インターネットは、個々のコンピューターを物理的に世界規模で接続したネットワークの集合体ということができますが、世界中のさまざまな情報や知識を共有できる巨大な情報ネットワークということもできます。

　インターネットでの通信上の決まり事が、TCP/IP（Transmission Control Protocol/Internet Protocol）というプロトコルです。TCP/IPはネットワークに接続されたコンピューター間で通信を行うため、データの通信方法をあらかじめ決めた規約のことです。データを送受信する際、ある決まりに従ったデータ形式を規定し、その形式のデータを通信ソフトウェアで随時、処理しながら送受信を行います。ネットワークの世界におけるプロトコルとは、データ形式の規定とそれを処理するソフトウェア（アプリケーション）のことを指します。

　インターネットが開発された初期の利用形態は、通信の研究目的のための利用が大部分を占めていました。現在では、世界中の人々がインターネットを利用して、世界中からいろいろな情報

を入手したり、世界中に発信したりすることで、さまざまなことが充実し、研究目的の利用のみならず趣味や経済的な利用にまで発展しています。

インターネットが経済的な利益に繋がることがわかると、インターネットを利用した商取引などのインターネット産業も発展しました。現在、多くの人が利用しているインターネット・ショッピングにおいても、展開されるビジネスチャンスの可能性にはまだまだ計り知れないものがあります。これまで、インターネットを利用してビジネスやサービスを展開してきた企業には、それを利用してきた個人の膨大なデータが蓄積されています。そのデータを分析し、新たな価値に変換し、さまざまなビジネスやサービスに利用することも進んでいます。

インターネットを利用する利点はどこにあるのでしょうか。コンピューター同士を相互に接続することで、それぞれのコンピューターに個々に格納されている情報を共有することができます。1台のコンピューターのハードディスクには、いろいろな情報を格納することができますが、格納できる情報量には限界があります。しかし、世界中のコンピューターが相互に接続されると、膨大な情報量を共有することが可能になります。インターネットを利用すると、リアルタイムで最新情報を入手したり、さまざまな情報の大量伝達が可能になります。

ここで、「情報」とは、判断、選択、予測、計画などにおける意思決定に役立つ資料や知識と定義することにします。また、情報と同様な意味で、「データ」という言葉もありますが、データは目的をもって処理することによって情報になることができるので、データは情報の素材ということができます。このような情報が生成されると、そこに知的財産価値が生まれ、それが伝達、利用されることによって、更に付加価値が付与されます。インターネットの発展によって、価値を付与された情報の蓄積、伝達、処理、提供は、時間的、空間的に制約を受けることが著しく減少し、いつでも、どこからでも、誰でも、直ちに必要な情報を入手し、活用することが可能になりました。

このように、インターネットによって大量の情報流通が可能になり、情報の選択肢が拡大された社会においては、それを利用する個人の価値基準も多様化しました。それによって、大量の情報の中から必要な情報を選択する必要性が増大するとともに、情報選択に関する正しい認識をもつことも求められるようになりました。情報の利用や操作を誤ると、特定の情報に支配されたり、誤った情報を正しいものと思い込んだり、不適切な情報を無批判的に受け入れることが起こります。また、情報を巧みに利用して、自分だけの利益だけを追求したり、法律に違反しなければ、どのような使い方をしてもよいと考える人もでてきます。その結果、情報とその利用の正しいあり方が著しく歪められることになり、人間としての主体性が失われ、無秩序的な社会に陥いる可能性もあります。そのような無秩序社会では、個人情報の漏洩や悪質な利用により、人間の基本的人権が簡単に侵害され、さらに、情報操作如何によっては個人生活がおびやかされることにもなりかねません。事実、インターネットの世界では、プライバシーの侵害、個人を特定した誹謗中傷、詐欺などの被害が後を絶ちません。

1.2 情報倫理の必要性

インターネットが地球規模で普及した現在は、これまでの社会には存在しなかったさまざまな新しい問題に直面することが多くなってきました。インターネットの発展による情報社会の恩恵をこうむるとともに、不正な事態が起こった場合には、その事態に対して適切に対処する方策を考えるだけではなく、あらかじめ事態の発生を可能な限り抑止、または、予防する必要があります。

このような方策としてインターネットにおける情報セキュリティ技術の向上が考えられます。しかし、情報セキュリティ技術が進歩しても、それにともなって、新たな問題が発生し、情報セキュリティ技術だけでは十分な方策とはなっていないのが現状です。

そこで、個人個人が情報やその利用に関する正しい認識を持つことが必要になってきます。情報社会では、適切な情報を提供し、情報を正しく認識することが必要です。そのためには、必然的に、情報社会においても、社会的存在としての人間の倫理を問わざるを得なくなってきています。

倫理は、社会における人間の正しいあり方の認識であり、社会的存在としての人間が社会で共存するための規範です。情報社会における人間の正しいあり方、つまり、情報倫理を考えることは、人間の情報の生産、流通、利用における正しいあり方を考えることです。したがって、情報社会において人間が共存するために、情報倫理として、「他人の権利の侵害を避けるために、最低限守るべきルール」を個人個人が確立することが必要になります。

このような情報倫理を個人の中に確立することは、とても重要なことです。インターネットの世界では、一瞬で情報が世界中へ伝達されていくために、不正な事態が発生してから、それに対処していたのでは被害を最小限に食い止めるのが精一杯です。不正な事態の発生は、情報にかかわる人間の主体性の欠如に依拠するところが少なくありません。本来、インターネットはオープンで、誰でも自由に利用できるように開放されているネットワークです。そこに不正な事態に対応するためとはいえ、がんじがらめの規制を設けるとなれば、インターネットの基本が損なわれてしまいます。不正な事態を必要最小限の規制でおさえるためには、インターネットを利用する一人一人が、最低限守るべきルールとしての「情報倫理」を認識する必要があります。健全な情報社会を築くために、個人の責任ある行動が問われることになります。

インターネットの空間スケールは地球規模です。国境を越えて瞬時に情報が伝わる継ぎ目のない世界です。このような時間的空間的な制約を受けないメディアを1つの組織のみならず、一個人でも利用できる環境がインターネットの世界には提供されています。

情報は利用されることによって、さらに大きな価値が付与されます。コンピューターに蓄積されている価値のある情報をお互いに自由に活用できるように、それぞれのコンピューターをつないだものがインターネットです。一方で、悪意を持った人がインターネットを利用して、他人のコンピューターに不正侵入したり、大事なデータを破壊したりする行為も行われています。また、インターネット上で送受信されている情報は、インターネットに接続されているさまざまなコンピューターを経由して伝達されていきます。伝達の途中でなんらかの不正行為が発生し、大事な

データが盗聴されたり、改ざんされることも考えられます。このように、悪意を持ってインターネットが利用されたのでは、健全な情報社会を築くことはできません。

そのような不正行為に対処するために、さまざまな情報セキュリティ技術が開発され、提供されています。例えば、ユーザー ID やパスワードによるユーザー認証を行うことによってコンピューターへのアクセスを制御する、ネットワークの出入口にファイアウォールを設置してパケットを選別して不正侵入を防ぐ、データを暗号化して伝達するなどです。しかし、その盲点を突くような不正行為が新たに発生したり、故意に不正を行う人が後を絶たない現状が続いています。

情報倫理を個人個人が認識すれば、プライバシーや知的財産権の侵害、情報システムへの不正侵入や破壊、情報の不正利用、情報の不正な複製や改ざんなどを抑止、予防し、健全な情報社会を築くことができます。

1.3 情報倫理のガイドライン

インターネット上では、Web や SNS などの便利なサービスを利用することができます。しかし、その利用において、情報倫理を個人個人が認識し、他人の権利を侵害しないようにしなければなりません。この節では、インターネット上のさまざまなサービスを利用する際に注意すべきことをあげます。

1.3.1 Web 利用上の注意

インターネットを利用して、さまざまな情報を検索したり発信するサービスの 1 つに Web (World Wide Web)[1]があります。Web は、基本的には、インターネット上のさまざまなコンピューターから情報を入手したり、情報を発信したりするサービスです。Web はインターネット上のハイパーメディア情報を提供するサービスで、文字情報だけではなく、音声、画像、動画なども提供することができます。Web ページ中の単語、アイコン、ボタンなどをクリックすれば、指定されたコンテンツへ移動し、閲覧することができたり、画像を表示したり、音楽や動画を楽しむことができます。

しかし、Web を利用して情報を発信する際には、法律で禁止されている次のようなことがあります。

- 他人のプライバシーを勝手に公開するような行為（プライバシーの侵害）、非難の言葉や差別的表現などにより他人を誹謗中傷すること（名誉毀損）。
- 他人の Web ページで公開されている文章や絵を無断で使用したり、タレントの写真やアニメの登場人物の模写を不特定多数の人に閲覧可能にすること（著作権、知的財産権の侵害、

---

[1] または、WWW といいます。

肖像権侵害)。

- わいせつ画像の掲載（公序良俗違反）。
- 虚偽情報の掲載。
- とばく行為、詐欺行為、ねずみ講など第三者に不利益を与える情報提供。

1.3.2　プライバシーの侵害と名誉毀損

　インターネットを利用すると、世界中の人々と通信が可能になり、直接面識のない人々に対して自分の言葉を発信することができます。インターネット上には、メーリングリスト、ニュースグループ、メールマガジン、Webページ、チャット、ブログ、Twitter（ツイッター）、Facebook（フェイスブック）など、さまざまな自己表現のためのサービスが提供され、人々に有益な情報や知的興奮を与えてくれます。また、インターネット・ショッピングでは、個人に特化した情報やサービスを提供する便利なサイトが増え、利用者は個人情報をそのようなサイトに提供する機会が多くなりました。

　ここで、「個人情報」とは、"生存する個人に関する情報であって、当該情報に含まれる氏名、生年月日、住所、電話番号、連絡先その他の記述等により特定の個人を識別できる情報"を指します。ほかの情報と組み合わせることで特定の個人を識別できる情報も含みます。つまり、個人情報とは誰であるかが識別できる情報です。例えば、氏名、生年月日、住所、電話番号のほか、メールアドレス、学校名、会社名、写真、身長・体重などの身体的特徴、住民票コード、銀行口座番号、クレジットカード番号、免許証番号、健康保険証番号、学生番号など個人に与えられている記号や番号などが個人情報になります。

　インターネットを利用して配信される情報から充実感が得られるとは限りません。嫌がらせのメールを個人に送信したり、個人の名誉を傷つける内容をメーリングリストやニュースグループ、掲示板に投稿したり、他人を誹謗中傷する内容をブログに掲載したり、多くの人を巻き込むトラブルが発生しています。また、Twitter、FacebookなどのSNSでは、さきにあげた個人情報をもとにプライバシー情報を含む情報を友人とやりとりするために、プライバシー情報が意図しない人にまで提供されてしまうトラブルも発生しています。

　直接の会話で人に話した内容は本人と相手にしかわかりませんが、インターネット上の掲示板やブログ、SNSなどには、過去に書き込んだ情報はずっと保存されています。そのため、書いたときには想定していなかった人たちに見られる可能性もあります。また、掲示板やブログ、SNSなどに書き込んだ情報は、検索すれば過去のものも含め、誰でも探し出して見ることができます。

　インターネット上で、誰かに不満があって、本当にその人に改善を望む場合、まずは、その人本人にメールや電話で直接、抗議するか異論を述べるべきです。そうせずに、いきなり、掲示板やブログなどで、その人を誹謗中傷するのは、明らかに、その人の信用失墜を狙ったものです。インターネットを利用すると、他人に被害や損害を与えるような行為が簡単にできます。また、逆

に、被害者にされてしまう可能性もあります。

　言論の自由は、公共の福祉や社会的糾弾、弾劾のために個人の思想を発言する権利であって、他人の誹謗中傷を正当化する権利ではありません。言論の自由は、「人権を尊重する者」に与えられた権利であり、人権を尊重しない者の言論は、一定の制約が加えられるか、あるいは、禁じられるべきです。

1.3.3 知的財産権の法的保護

　他人が作成した文章や画像などを無断で使用するのは、著作権の侵害にあたります。コンピューターのソフトウェアも同様です。ソフトウェアの著作権は法的に保護されています。ここでいうソフトウェアというのは、コンピューター・プログラムだけではなく、開発に用いられた技術やアイデア、資料すべてを含むものです。1つのシステムを開発するためには、多くの資材や時間と労力が必要です。このような資本投下のもとに開発されたソフトウェアを、他社がそっくり模倣し、低価格で販売してしまっては、開発した企業は大変な損害を被ってしまいます。また、コンピューター・プログラムは、コピーをすることでまったく同じ物を簡単に複製することができます。1人の購入者が無償でコピーを多くの人に配布したのでは、開発者は収益を上げることはできません。開発者の権利は、なんらかの形で保護されなければなりません。

　インターネットを利用して送受信される情報には、文章、画像、音楽、プログラムのソースコード、アプリケーション・ソフトウェアなどがあります。これらは作成者の努力の成果であり、財産でもあります。このような成果を「知的財産」といいます。

　知的活動による成果には知的財産権が認められ、法的に保護されています。知的財産権には、文学、絵画、音楽などの著作物に生じる著作権、発明や発見に生じる特許権、商標権などがあります。

(1) 著作権

　著作物に生じる著作権（Copyright）を保護するのが、著作権法です。著作権法第1条には、「この法律は、著作物並びに実演、レコード、放送及び有線放送に関し、著作者の権利及びこれに隣接する権利を定め、これらの文化的所産の公正な利用に留意しつつ、著作者等の権利の保護を図り、もつて文化の発展に寄与することを目的とする。」とあります。ソフトウェアの法的保護は、この著作権法により保護されています。

　コンピューター・プログラムは著作権法に著作物として保護されることが明文化されています。ただし、コンピューター・プログラムの購入者がバックアップのためのコピーを作成することは認められています。しかし、これはあくまで自己使用限定です。コピーを他人のコンピューターで使用することは違法行為になります。

　著作権の対象は、文字テキスト（文章）、画像、音楽、プログラムのソースコード、アプリケーション・ソフトウェアなど、またはこれらの組み合わせです。

Webページに表示された画像、Webサーバーで再生されたサウンドクリップ、Webサイトからコピーしたドキュメントなどはすべて著作権の対象になります。例えば、以下のような行為は著作権の侵害になります。

- 映画、テレビ番組、CDやDVDなどの記録メディアから映像や音楽を無許可で不特定多数の人に配信する。
- 新聞や雑誌などからスキャナーで取り込んだ画像を無許可で不特定多数の人に配信する。
- ソフトウェアを不正にコピーして配布する。
- 違法に配信されている音楽や映像コンテンツをそれと知りながらダウンロードする。

ソフトウェアの中にはコピーの作成を認められているものもあります。フリーソフトウェアやシェアウェアと呼ばれているソフトウェアです。

- フリーソフトウェア

    著作権者の同意がなくても複製、改変、再配布することが可能なソフトウェアです。コピーをして他人に配布してもかまわないソフトウェアです。ただし、商用で利用することは禁じられています。これらのソフトウェアは、雑誌の付録やWebサイトから無料で入手することができます。とても無料とは思えないくらい使い勝手のよいものもたくさん提供されています。

- シェアウェア

    フリーソフトウェアと同じように、雑誌の付録やWebサイトから入手できるソフトウェアです。しかし、このソフトウェアは無料ではありません。一定期間の試用や再配布は認められていますが、継続使用する場合は著作権者に対価を支払わなくてはなりません。「試しに使ってみて、よければお買い求めください」というソフトウェアです。価格や送金方法、使用にあたって求められる条件などは、ソフトウェアによって異なっていますので、説明書（一般的には、readmeというような名前がついたファイル）をよく読んでから利用しましょう。

フリーソフトウェアやシェアウェアでないかぎり、バックアップ目的以外のソフトウェアのコピーはできません。また、違法なコピーであると知っていながら、使用を継続することも違法行為です。「知らなかった」では済まされませんので、著作権の意味を十分理解してソフトウェアを利用してください。

(2) 特許権

特許は、新規性、有用性、非自明性のある発明を保護するために発明者に与えられるライセンスです。特許の目的は新しい開発や発明をした人が、一定期間、利益を得ることができるように保護するかわりに、その特許の内容を発明者に開示させることです。ソフトウェアやアルゴリズムの開発にも特許が認められます。

例えば、特許のあるアルゴリズムを使用して、新しいソフトウェアを開発し、それを商品化しようとした場合、特許の所有者から許可を得るか、ライセンス供与を受けないかぎり、その特許のあるアルゴリズムを使用することができません。

(3) 商標権

商標（Trademark）は、製造者、または、販売者が自社の製品を他社の製品と明確に区別できるようにする目的で使用する任意の言葉、名前、記号、色、音、製品の形状、意匠、または、それらの組み合わせです。

商標の目的は、地理的に近い場所に住む顧客に混乱を与えるような模倣者から企業を保護することでした。しかし、インターネットを活用し、グローバルにビジネスを展開する多国籍企業の活躍にともない、地理的な制限がなくなり、商標の重要性はますます高まってきました。

商標の所有者の許可を得ないで、その商標の文字や記号、マークを使用することは違法になります。例えば、自分のWebページに企業などの商標を無断で掲載してはいけません。また、商標を付けた偽の製品を市場に出したり、商標の所有者やその製品を故意に誹謗することも違法になります。

1.4　サイバー犯罪

インターネットの世界にも犯罪は存在します。インターネット上の犯罪がサイバー犯罪です。サイバー犯罪とは、Webサイトへの不正侵入、改ざん、DoS/DDoS攻撃、マルウェアの頒布、迷惑メールの送信、詐欺などがあげられます。

1.4.1　不正侵入

コンピューターが相互に接続されているネットワーク環境では、コンピューター上で動作するアプリケーションやコンピューターに格納されているコンテンツを複数のユーザーで共有する場合があります。自分の使用しているコンピューターにインストールされていないアプリケーションを利用したい場合、そのアプリケーションが実行できるコンピューターがネットワーク上のどこかに接続されていたら、そのコンピューターにアクセスして、自分のコンピューターからリモート先のコンピューター上でアプリケーションを実行させることができます。また、自分のコンピューターから接続先のコンピューターを操作することもできます。

自分の使用しているコンピューターはローカルコンピューターと呼ばれ、接続先のコンピューターはリモートコンピューターと呼ばれます。また、最近では、インターネットを経由して、ソフトウェアやハードウェアを利用するクラウド・コンピューティング・サービスも展開されています。リモートコンピューターを利用するためには、リモートコンピューターの使用許可（アカ

ウント）が必要になります。その場合、リモートコンピューターの管理者にアカウントを申請して、ユーザー登録をしてもらうことになります。

　企業や官庁、大学などでは、企業データや個人情報は不特定多数の人が入手できないように、ユーザー ID、パスワードを設定して、情報にアクセスできる人を制限したり、外部からアクセスできないようなネットワーク環境を構築しています。

　しかし、ネットワーク環境の脆弱性を見破ったり、ユーザー ID やパスワードを盗み、そのユーザーになりすまして、使用許可の与えられていないコンピューターに不正侵入しようと企てる者もいます。このような人たちは、ハッカーと呼ばれ、自分たちの能力を誇示するために、ネットワークやコンピューター技術の限界に挑むことを面白がる人たちのことです。ハッカーのなかで、特に悪意を持った侵入者は、クラッカーと呼ばれ、コンピューターに不正侵入し、コンピューターシステムを乗っ取ったり、重要なデータを盗んだり、コンピューターシステムを破壊したり、コンピューターに保存してあるファイルを改ざんしたりします。

　クラッカーのなかには、コンピューターシステムに不正侵入して、そこのコンピューターのユーザーになりすまして、他のコンピューターに侵入しようとする者までいます。この場合、乗っ取られたコンピューターは、被害者でもあるし、加害者にもなります。他人のユーザー ID を不正に使用して、コンピューターシステムを利用することは犯罪行為になります。

　このような被害に遭わないために、ネットワーク管理者は、強固なネットワーク環境を構築し、通信を監視したり、コンピューター内の情報を暗号化したり、常に、外部からの侵入者に対して対策を講じなければなりません。また、個々のユーザーは、パスワードを頻繁に変更したり、重要なデータやファイルのバックアップをしたり、なんらかの対策をとる必要があります。

1.4.2　マルウェア

　マルウェアとは英語の Malicious（悪意のある）と Software を組み合わせた造語で、コンピューターで不正な動作を行うプログラムの総称として 2001 年頃から広く使われるようになった用語です。以前は、このような不正なプログラムはウイルスと呼ばれていました。初期のウイルスは愉快犯的なものや自己顕示を目的としていて、必ずしも悪意のあるものではありませんでしたが、その後、金銭搾取という明確に悪意のある目的へと変貌していきました。さらに、その感染形態や機能、目的などが多様化、高度化、悪質化したために、統一的にマルウェアと表現されるようになりました。以下に代表的なマルウェアを分類します。

- ウイルス

    ウイルスはコンピューターに侵入して、それ単体では動作はしませんが、コンピューター内のファイルやプログラムに寄生し、システムを破壊したり、いたずらをします。

- ワーム

ワームはコンピューター内のファイルやプログラムに寄生するのではなく、単体で自己増殖を繰り返しながらコンピューターシステムの破壊を行います。高い感染力があり、大規模感染を引き起こす傾向があります。

- トロイの木馬

  トロイの木馬は有用なプログラムやファイルを装って、ユーザー自身の起動を誘い、実際にはユーザーの意図しない不正な動作を行います。

- スパイウェア

  スパイウェアは、Web サイト、ファイル共有サイトなどからユーザーのコンピューターに不正に侵入し、個人情報や行動履歴を収集し、その情報を特定のサーバーなどに送信します。

- ボット

  ボットはロボットの短縮語で、指令者からの遠隔操作によって、多岐にわたる活動を行います。ボットに感染したコンピューターはボットネットと呼ばれるネットワークを形成します。指令者は指令サーバー経由で、ボットネットに制御命令を同胞することで、多数のボットがその命令にしたがって一斉に動作します。

このようなマルウェアは、悪意を持った作者によって作成され、以前は、出所不明なフロッピーディスクや CD-ROM から感染していましたが、インターネットの普及によって、ファイル共有サイトの利用による感染、Web サイトの閲覧による感染、ダウンロードしたソフトウェアに潜伏していたり、電子メールに添付されて送られてくるものもあります。不用意に電子メールの添付ファイルを開くと、自分のコンピューターにマルウェアが進入してしまうこともあります。また、コンピューターをインターネットに接続しているだけで、オペレーティングシステム（OS）やアプリケーションの脆弱性を見つけて不正に侵入し、感染を企てるものもあります。

このような危険からコンピューターを守るためには、次のような対策が必要です。

- 出所の不確かな CD-ROM、USB メモリーなどは使用しない。
- メールに添付されたファイルは不用意に開かない。
- 不審な送信者のメールは開かないで削除する。
- 不審なサイトは訪問しない。
- Web などでウイルス情報を頻繁に調べる。
- マルウェアを除去してくれるウイルス対策ソフトウェアを導入し、コンピューターがマルウェアに感染していないかどうかを定期的に調べる。
- 使用しているウイルス対策ソフトウェアのウイルスのパターンファイルを常に最新状態に更新する。

◦ OSやアプリケーションを常に最新状態に更新する。

最近では、コンピューターを購入する際に、マルウェア対策としてウイルス対策ソフトウェアの購入も勧められます。市販されているほとんどのウイルス対策ソフトウェアは、パターンマッチング方式というマルウェアを検出する仕組みを採用しています。パターンマッチング方式とは、マルウェアの検体ファイルを解析し、マルウェア内の特徴的なコードをパターンとしてデータベース化し、検査対象となるファイルと比較して検出する仕組みです。マルウェアの特徴的なパターンをデータベース化して検出を行うため、データベースに登録されていないマルウェアを検出できないというデメリットがあります。

マルウェアの配布に関わるWebサイトや攻撃サイトに誘導する電子メールの発信元サイトの評判をデータベースに蓄積し、インターネット上のサービスにアクセスする際に、サイトの危険情報をユーザーに知らせ、感染を未然に防ぐという方法もあります。このデータベースは、大量かつ頻繁にデータの更新が行われる必要があるので、クラウド型システムを利用するのが一般的になっています。このように、さまざまな方法を組み合わせることによって、マルウェアへの対策が考えられています。

1.4.3　DoS攻撃

サイバー攻撃の1つにDoS/DDoS攻撃と呼ばれる攻撃があります。「官公庁のWebサイトが閲覧できなくなった」というニュースをたまに聞くことがあります。そのサイトはDoS/DDoS攻撃の被害に遭ったために、そのような事態に陥ったと考えられます。

DoS（Denial of Service）攻撃[2]とは、Webのサービスそのものを利用できなくする攻撃です。また、DDoS（Distributed DoS）攻撃[3]とは、複数の攻撃元から大量の通信を発生させて攻撃対象サイトまたは回線に負荷を与え、サービスを不能にする攻撃です。DDoS攻撃は、多くの人が手動で一斉にデータを送信したり、ツールやボットネットを利用して攻撃者の分身を多数準備し、その多数の分身から攻撃を仕掛けます。多数のコンピューターに配備したDoS攻撃用のエージェントを制御しながらDoS攻撃を仕掛けます。その結果、サーバーの処理能力や回線の許容量を超える負荷を与えてサービス提供を困難にします。また、プログラムの欠陥によって生じるサーバーの脆弱性を悪用して特殊なデータを送信することでサービスの負荷を高め、サービスを停止させる攻撃もあります。

代表的なDoS/DDoS攻撃には、以下のような攻撃があります。

- 大量の通信を発生させて、回線帯域を埋め尽くす。

- コンピューター内に高速に多数のプロセスを生成し、OSのプロセスリストを埋め尽くす。

---

[2] サービス不能攻撃、サービス運用妨害攻撃とも呼ばれます。
[3] 分散協調型DoS攻撃、分散DoS攻撃とも呼ばれます。

- 大量のログ出力を発生させることでハードディスクを溢れさせる。
- 電子メールを大量に送信する。
- ログインの失敗を繰り返すことで、ログインのロックアウト状態を作り出す。
- ハードディスク内のデータを破壊してしまうことで、コンピューター自身を動作不能状態にする
- TCP コネクションを終了するパケットを送信し、TCP コネクションを強制終了させる。

1.4.4 迷惑メール

マルウェアが添付されたメールも迷惑メールの一種ですが、次に紹介するチェーンメール、スパムメールなど、受け取った人に迷惑をかけるメールもあります。このような受信者の承諾なしに一方的に送信される広告、宣伝、デマ、いやがらせ、詐欺などを目的とする迷惑メールの問題に対応するため、「特定電子メールの送信の適正化等に関する法律」が施行されています。

(1) チェーンメール

信ぴょう性のないメールの転送を不特定多数の人に対し促すメールのことをチェーンメールといいます。例えば、次のような内容のメールがあります。

「…（途中省略）…。このメールを見たら必ず 24 時間以内に 7 人の人にメールを転送して下さい。メールを止めても、パソコン、携帯電話などの通信情報から、止めた人の居場所をつきとめます。また、メールを転送したことを確認できるようになっています。…（以下省略）…。」

このようなチェーンメールの内容は「ウイルスのデマ情報」、「ねずみ講の勧誘」、「無意味なメール」などさまざまなものがあります。このようなメールがいったん配信されると、ねずみ算式にメールが次々と転送されます。チェーンメールは誤った情報を真実にみせかけたデマのメールがほとんどであり、受け取った人を不快にさせる非常に迷惑な行為です。このようなチェーンメールは自分で断ち切って、迷惑行為の拡大に手を貸さないようにしてください。メールを転送しなかったことやメールがどこの経路を通っているのかを把握することは不可能です。メールを転送しなかったことで被害を被ることはありません。

繰り返し、チェーンメールが送られてくる場合は、次のようなメールの受信拒否ができる場合があります。

- メールソフトウェアの受信拒否者の設定をする。
- インターネット・サービス・プロバイダーに相談する。
- 対応ソフトウェアを使用する。

(2) スパムメール

広告や勧誘のため、何度もしつこく送られてくるメールのことをスパムメール[4]といいます。このような迷惑メールが大量に送られてくると、いちいち削除していたのではきりがないし、自分の読みたいメールや必要なメールが読めなくなるという事態に陥ることにもなりかねません。また、配信されるメールの量によっては、メールサーバーに多大な負荷をかけることになるため、メールサーバーがダウンすることもあります。

スパムメールのメールヘッダーの「From:」(または、「送信者：」)部分にあるアドレスに抗議メールを送れば解決するだろうと思いがちですが、このメールアドレスは抗議メールが送られることを想定したメールアドレスになっているのが現状です。このため架空のメールアドレスや無関係な人に抗議メールを送ってしまう可能性もあるので注意が必要になります。そして、中にはスパムメールの抗議メールを受け取るためにわざと設定された無関係な被害者のアドレスである場合もあります。また、抗議メールが来るということは、そのメールアドレスは「実在するメールアドレスである」と判断され、そのメールアドレスを集計して転売されるということもあります。いずれにしても、スパムメールに対しては返信メールを送らないようにするべきです。

スパムメールの対策としては、メールヘッダーから発信元が特定できそうな場合は、該当するサーバー管理者あてに抗議メールを送り、メールの送信者へ警告するなどの対処を促すという手もありますが、なりすましによるスパム行為やメールヘッダーの偽装で発信元を特定できないケースも多いのが現状です。

(3) 詐欺メール

迷惑メールにも関連しますが、詐欺の事例として、次のような実際の例もあります。

ある日、突然、いかにも実在するかのような会社名で、見知らぬ請求書がメールで届き、その内容は、期日までに指定の銀行口座に請求金額を入金するように催促するものです。しかも、期日までに入金がないと、自宅や職場に回収者がやって来て請求金額と延滞金や回収にかかった諸費用を徴収するというようなことも書いてあります。

よく読むと先方の会社名や担当者の名前は記載されていますが、電話番号や住所はいっさい書かれていません。先方が自らの身元をきちんと明かせないというのは偽の請求書である証拠と言えます。

このように、身に覚えのない請求に対しては安易に金銭を支払ったりしてはいけないだけではなく、返信のメールを送ることも厳禁です。相手側に、メールアドレスや自宅住所、

---

[4]「スパム (SPAM)」とは、もともとアメリカのHormel Foods社製の「ランチョンミート」(加熱食肉製品)の名前で、日本でもスーパーマーケットなどで目にすることができる缶詰ハムのことです。このスパムを用いたモンティパイソンの寸劇が、スパムメールの語源と言われています。レストランに訪れた夫婦が、料理を注文しようとメニューを見ると、そこにはスパムの入った料理しか見当たらず、夫人がウェイトレスに文句を言い、口論になります。すると、控えていた合唱団が「スパム、スパム、スパム～」と歌を歌い出し、夫人とウエイトレスの会話がその歌にかき消されてしまう内容の寸劇です。合唱団の歌によって、夫人とウェイトレスの会話ができなくなる、つまり、何度もしつこく送られてくる迷惑メールによって、必要なメールが読めなくなるということから、この種の迷惑メールが「スパムメール」と呼ばれるようになったと言われています。

電話番号などの個人情報を教えることになりかねず、より被害を深刻化させる危険性があります。

1.4.5 詐欺

インターネット利用者が正規 Web サイトのサービスを利用していたとしても、被害を回避できない場合もあります。攻撃者は正規の Web サイトを侵害することで、そのサイトを利用する多くの利用者に攻撃を仕掛けることができます。SNS サイトへの不正アクセスによる被害は個人情報の漏洩が考えられますが、そのアカウントを悪用してその人になりすました詐欺も考えられます。

近年、フィッシング詐欺と呼ばれる詐欺が横行し、多くの被害が報告されています。フィッシング詐欺とは、正当な会社を装って偽の Web サイトに誘導し、銀行口座のパスワードやクレジットカード番号などの秘密情報を入手する詐欺です。インターネット利用者の正規 Web サイトで提供されるサービスは安全であるという意識によって警戒心が薄れることに付け込んだ詐欺といえます。

利用者からお金をだまし取る手口は無数にあるといってもいいほどです。簡単にお金儲けができると持ちかける詐欺、善意につけ込んで金銭を要求する詐欺、国境を越えて行われる詐欺もあります。このような詐欺に関する情報は各都道府県の消費者生活相談窓口からも入手することができます。また、各都道府県の警察署には、このようなメールの相談窓口があるので、内容を届け、被害の拡大を防がなければなりません。

1.5 自己責任と自己防衛

インターネット上で利用者にサービスを提供する企業のサイトでは、個人情報の取り扱いや保護についての方針が明記されています。例えば、個人情報の保護体制、どのような個人情報を収集し、どのような目的のために利用するのか、個人情報の利用目的の範囲を超えた取り扱いを行わないことなどが明記されています。

企業の持っている機密情報やサービスを標的とするサイバー攻撃による侵害は、同時に利用者にも被害を及ぼすことにもなるので、その企業の信頼やサービスの継続が脅かされることにもなりかねません。そのことを踏まえて、企業では情報セキュリティについて適切な組織的・技術的施策を講じ、秘密情報に対する不正アクセス、漏洩、改ざん、紛失・盗難、破壊、利用妨害などが発生しないよう努めています。

組織的対策では、秘密情報の管理体制、保護・取り扱い方法を定め、万一、情報漏洩などの事故が発生しても、その原因を迅速に究明し、被害を最小限に止めるとともに再発防止に努める体制を整えています。具体的には、情報機器の持ち出しや施設立ち入りの制限、入退室管理、重要度の高い情報の施錠管理などのルールを整え、すべての従業員、派遣社員などを対象に情報セキュ

リティ教育を継続的に実施しています。技術的対策では、年々高度化するサイバー攻撃などによる外部からの不正アクセスや情報漏洩を予防するため、社外に公開するサーバーの保護対策を強化したり、社内にウイルスなどが侵入した場合でも迅速に対処できるように社内システムやネットワークの管理や監視を強化しています。そのような対策が講じられていても、情報漏洩などの事故を完全に防ぐことができないのが現状です。

また、情報倫理の必要性をいくら強調しても、インターネットの世界では、悪意を持った人たちによって引き起こされる不正な事態やトラブルが日々発生しているのも事実です。もちろん、インターネットの世界においても、犯罪行為は法律で禁止されています。人権侵害や著作権侵害、公序良俗に反する表現など、すべて法律に基づいて処分されます。悪意を持ってこのようなことを行うのは論外としても、犯罪行為と気づかずに無意識に違法行為を行っている場合があります。これは、「知らなかった」、「認識がなかった」では済まされません。認識不足は「自己責任」ということになります。現時点では、インターネットは「自己責任」、「自己防衛」のもとで利用しなければなりません。自ら情報を発信するということは、その責任とリスクを負わなければならないことを十分に認識する必要があります。なぜなら、個人の単位で情報を多数の人に発信することができるということは、個人の単位でその情報に責任も負わなくてはなりません。すべて「自己責任」のもとで行動しなければならないことを自覚する必要があります。

そして、自分の身を守るのも自分自身でしかありません。例えば、住所、氏名、電話番号、写真、メールアドレスなど個人情報をWebサイトやSNSのサイトなどに記載すると、次のようなことが起こるかもしれません。

- 不審な郵便物が届くようになった。
- 知らない電話番号から電話がかかってくることが多くなった。
- スパムメールが届くことが多くなった。
- ブログやSNS上で、本人の所属先や実名が公開され、誹謗中傷されていた。

このようなことが起こっても、それはWebページやSNSのサイトなどに個人情報を公開した自分の責任です。自分の身を守るためには、「自己防衛」が不可欠です。少なくとも、自ら引き金を引くような行為は避けるべきです。

また、このような個人情報を収集するために、景品付きのアンケート調査をインターネット上で行っているサイトもあります。興味本位でアンケートに答えないよう、アンケート結果がどのように利用されるのか、個人情報の取り扱いはどうなっているのかなどをそのサイトで確認し、どうしても必要かどうかよく考えてから答えるようにしましょう。

これまでに述べてきたような被害に遭わないための対策として、次のことに注意してください。

- Webサイトを閲覧する際には、内容を確認し、むやみにクリックしない。ワンクリック詐欺で、金銭を要求される場合もあります。

- 自己の個人情報の管理を徹底する。個人情報を発信するときは、その内容をよく吟味し、本当に発信が必要かどうか確認してください。
- 個人情報を入力するサイトがSSL（Secure Socket Layer）[5]を利用しているか確認する。Webサイトのアドレスが、https://ではじまっているか、または、Webブラウザーに鍵アイコンが表示されているか確認してください。フィッシング詐欺サイトは認証局から認証を得ていないので、正当なサイトであるかどうか確認できます。
- 自分のWebページやSNSサイトに必要のない個人情報を記載しないようにする。
- 自分のメールアドレスは安易に他人に教えない。メールアドレスを公開すれば、知らない人から迷惑メールが送られてくる恐れがあるので気をつけてください。
- 掲示板やSNS等において、トラブルに巻き込まれるような行為、人を誹謗中傷する発言、不用意な発言は慎んでください。一度書き込まれた発言はずっと残ります。また、書き込みを行った個人を特定することもできます。

　もちろん、インターネットの世界では、まだまだ法律の整備が遅れています。被害に遭っても現行の法律では保護を受けることができない場合もあります。「自己防衛」はその意味で非常に重要な対策です。トラブルに巻き込まれないよう、また、トラブルの起こりそうなものにはかかわらないよう、十分注意することが大事です。

　このようなインターネット利用上のトラブルから身を守るために、インターネット上には、さまざまな自己防衛のためのマニュアルや対策方法が提供されています。そのようなサイトには多くの事例紹介とその対応策が具体的に掲載されていますので、是非参考にして犯罪に巻き込まれないように、また、被害に遭わないように注意してください。

課題

1. インターネット上には、さまざまな迷惑行為、不正行為、犯罪などが存在します。例えば、知的財産権の侵害、プライバシーの侵害、サイバー攻撃（不正侵入、ウイルス頒布、DoS攻撃など）、フィッシング詐欺、スパムメールなど、さまざまなものが存在します。このようなインターネットを利用した迷惑行為、不正行為、犯罪などについて、以下のことについて考察しなさい。
    - どのような迷惑行為、不正行為、犯罪などが存在するのか。
    - それはどのような目的で行われているのか。
    - その特徴は現実社会における行為とどのように異なるのか。
    - どのような被害が報告され、被害状況がどのようになっているのか。

---

[5] 第2章参照

○ 被害に遭わないための対策として、どのような方法があり、どのようなことに気をつけなければならないのか。

2. Yahoo、Amazon、楽天、Google などのインターネット上で利用者にさまざまなサービスを提供している企業のサイトを訪問し、それらの企業が提供しているサービスの内容と個人情報の保護・取り扱いの方針を調べ、その特徴を考察しなさい。

第2章

インターネットにおける情報の保護

2.1 プライバシーの重要性

　インターネットの利用が広まり、電子メールサービス、インターネット・ショッピング、ソーシャル・ネットワーキング・サービス（SNS）など、さまざまなWebサイトでサービスの提供を受ける機会が増加しています。そのようなサービスを受けるためには、サイトに個人情報や秘密情報を登録する必要があります。そのような情報のやり取りにおいて注意しなければならないことは、個人情報の漏洩やプライバシーの侵害が考えられます。

　最近では、光ファイバー回線を利用した通信回線が整備され、ブロードバンド（broad band）[1]と呼ばれる高速通信サービスが利用可能になりました。また、IEEE（Institute of Electrical and Electronics Engineers）によって、無線LAN[2]の規格が標準化され、最近のノートパソコンには、無線LAN用のネットワークインターフェースが標準装備されています。現在、IEEE802.11規格では5.2GHzの周波数帯域で54Mbpsの伝送速度が実現されています。このような無線LANの普及とともに、ノートパソコンよりも軽量なスマートフォンやパッド型モバイル端末も普及し、場所を選ばずにインターネットに接続できる環境も整ってきました。

　今後、無線LANやブロードバンドによる高速通信網の普及で、ユビキタスネットワーク社会[3]が実現し、いつでもどこでもインターネット接続が可能になれば、インターネットを利用する人はさらに増加していくものと思われます。そうなると、インターネット利用者は、インターネットの便利さを満喫するだけではなく、個人のプライバシーを自分で守る「自己防衛」ということに

---

[1] 通常の電話回線を利用した通信サービスは、ナローバンド（narrow band）と呼ばれ、通信速度は、数十kbps程度です。bpsとは、bit per secondの略で、1秒間に通信できるビット数、つまり、1秒間あたりの通信速度を表します。一方、ブロードバンド用の通信回線を利用すると、500kbps以上の通信速度が実現できます。ADSL（Asymmetric Digital Subscriber Line）接続では、一般の電話に使われている電話回線を利用しますが、電話の音声を伝える場合には使用されない高い周波数帯を使ってデータ通信を行います。「非対称（asymmetric）」という名前は、電話局から利用者方向（下り方向）の通信の場合、通信速度は最高1.5〜12Mbpsであり、利用者から電話局方向（上り方向）の通信の場合、通信速度は0.5〜1Mbps程度であり、通信方向によって最高速度が異なることが由来です。また、光ファイバーを利用した通信では、通信速度は、最高で100Mbpsになり、より高速通信が可能になります。
[2] Local Area Network（ローカルエリアネットワーク：構内通信網）と呼ばれるネットワーク。
[3] ユビキタス（ubiquitous）とは、「至る所にある」という意味です。

もっと注意することが大事になってきます。

　大学、企業、自宅などでインターネットを利用するためには、コンピューターをLANやインターネット・サービス・プロバイダ（ISP）経由でインターネットに接続する必要があります。その際、ISPは加入者の個人情報を知ることができます。インターネット上で加入者が見る情報はすべてISPのコンピューターを必ず通るからです。例えば、ISPはユーザーが頻繁にアクセスするサイトやよく見る記事などを知ろうと思えば知ることができます。そうすると、ISPはこれらの情報からユーザーの趣味などを知ることもできます。また、インターネット・ショッピングなどの商用オンラインサービス業者は、加入者の登録の際、加入者の住所、氏名、電話番号、さらに、クレジットカード番号などの個人情報を入手します。このような個人情報が、誰かに簡単に盗聴されたり、第三者に流出するという事故も起こっています。

　インターネット上では、情報はさまざまな経路を通って伝達されることも考えると、盗聴などにより、個人情報や秘密情報が漏洩する可能性があることに注意する必要があります。

2.1.1　電子メールにおけるプライバシーの侵害

　今日、インターネットを利用して、世界規模で電子メールが行き交っています。電子メール利用者は、手紙、電話、FAXなどと同じように、日常の仕事から仕事に関係のない話題まで電子メールを利用してやりとりしています。電子メールの中には、その内容を第三者に知られては困るような非常に重要な内容が含まれている場合もあります。電子メールは、そのセキュリティにおいて無防備であるということを知っているでしょうか。

　電子メールの無防備さにもかかわらず、インターネット上では、電子メール利用者は増加し続けています。電子メールは、文字情報などを相手に迅速に届けることができ、しかも、GoogleやYahooなどの多くの大手ポータルサイトが無料の電子メールサービスを提供し、その利用者も増加しています。最近では、スマートフォンやモバイル端末などが普及し、メール機能を組み込んださまざまなアプリケーションも提供され、場所を選ばずに電子メールの送受信が可能になりました。今後も、利用者は、さらに増加していくものと思われます。

　しかし、電子メールは、送信者や受信者に気づかれずに、それを傍受したり、コピーしたり、改ざんされてしまう危険性を持っています。電子メールが、どのように配送されるかを図2.1を参照して簡単に見てみましょう。

　メッセージを編集して送信するために使用するソフトウェアのことをMUA（Mail User Agent）[4]と呼びます。このMUAは、メッセージをメールサーバー上で動作しているMTA（Mail Transport Agent）[5]と呼ばれるプログラムに渡し、相手先に送信してもらうことになります。同じドメイン[6]上のユーザーにメッセージが送られる場合（ローカルな配送の場合）、MTAはメッセージを直

---

[4] 一般的に、「メーラー」と呼ばれるメール送受信ソフトウェアです。
[5] 代表的なMTAとして、sendmailとsmailというプログラムが一般的に使用されています。
[6] メールアドレスの@以下の部分の住所に相当します。

2.1 プライバシーの重要性

接処理して相手先に配送します。メッセージがインターネットを経由して配送される場合、送信側の MTA は受信側（リモート）の MTA に接続し、SMTP（Simple Mail Transfer Protocol）[7]を使用して相手にメッセージを届けます。

図 **2.1** 電子メールの配送

メールサーバーに届けられたメールを個々のユーザーが読むためには、ユーザーはメールサーバーにアクセスしなければなりません。メールサーバーにアクセスしてメールを読む方法は、そのサービスを提供するプロトコルに依存します。メールサーバーがそのプロトコルに、POP（Post Office Protocol）というプロトコルを使用していれば、メールサーバーに届けられたメールはメールサーバー上のスプールと呼ばれるところに保管され、個々のユーザーはメールサーバーにアクセスしてメールをダウンロードして読むことになります。また、メールサーバーがそのプロトコルに、IMAP（Internet Message Access Protocol）というプロトコルを使用していれば、メールサーバー上に届けられたメールはメールサーバー上の個々のユーザーのメールボックスというところに保管され、ユーザーはそのメールボックスにアクセスしてメールを読むことになります。

電子メールがインターネットを経由する場合、電子メールはインターネット上にある途中の多くのコンピューターを経由して配送されます。電子メールが送信されて、あて先に届くまで、少なくとも 4 回、ネットワーク上のコンピューターにコピーされます。1 回目は送信者が使用しているメーラーの送信ボックスに、2 回目は送信者側の SMTP サーバー（メールサーバー）にメールのコピーがそれぞれ保存されます。3 回目は受信者側の SMTP サーバーに、4 回目は受信者のメーラーの受信ボックスにメールのコピーがそれぞれ保存されます。

もし、上記の 4 つのコンピューターのどれかが誰かに不正にアクセスされたら、他人にメールを読まれたり、改ざんされるかもしれません。インターネットを利用してメールが配送される場合、メールはインターネット上の多くのコンピューターを経由して受信者に届けられます。経由するコンピューターにメールが届けられると、メールは一旦そのコンピューターにコピーされ、それがそのコンピューターを利用している受信者のものでなければ、次のコンピューターを経由することになります。経由するコンピューターで同様な処理が行われ、最終的に受信者のもとに届けられます。ここで、通常は、コンピューターにコピーされたメールがそのコンピューターを

---

[7] SMTP とはインターネット上のあるシステムから別のシステムにメッセージを配送するために使用されるプロトコルで、TCP/IP に組み込まれています。インターネット上での電子メールの配送方法が定められています。

利用している受信者のものでなければ、そこで破棄されます。しかし、経由するコンピューターで、「破棄」ではなく、「メールを取り込む」ように設定することも可能です。つまり、悪意のある人のコンピューターで、そのような設定をしていれば、そこで盗聴や改ざんが可能になります。

メール配送システムのエラーやメールアドレスの誤記入によって、電子メールが誤配送されることもあります。この場合、他人にメールを読まれるだけではなく、メールアドレスなどの個人情報を開示することにもなるので、それを悪用されるかもしれません。

このように、電子メールは受信者に届けられる過程や届けられた後でも、盗聴されたり改ざんされる可能性があります。重要な内容でなければ、ちょっと見て、忘れられてしまうかもしれませんが、重要な内容が全く正反対の内容に書き換えられるかもしれません。

2.1.2 Web におけるプライバシーの侵害

Web クライアント（Web ブラウザー）がドキュメントや画像などを Web サーバーにリクエストして、ブラウザー上に表示する仕組みを図 2.2 を参照しながら簡単に見てみましょう。

まず、クライアントは自分のブラウザーに URL（Uniform Resource Locator）[8]を指定して、取得したいドキュメントをインターネット経由で相手の Web サーバーにリクエストします。その際、URL によって、サービスの名前（通常は、http://）に続けて、リクエストするドキュメントが保管されている Web サーバーの名前、そのドキュメントが保管されているサーバー内の場所（ディレクトリー）、リクエストするドキュメントのファイル名をそれぞれ指定します。

次に、リクエストを受け取った Web サーバーはリクエストされた内容をクライアントに返し、ネットワークの接続を切断します。受信されたドキュメントは、クライアント側のブラウザーで必要な処理が行われ、リクエストしたドキュメントがクライアントのブラウザーに表示されます。

図 2.2　Web クライアントと Web サーバーの通信

例えば、インターネット・ショッピングを利用して商品を購入する際、クレジットカードによる決済が最もよく利用されます。決済をする場合、氏名、住所、電話番号、クレジットカード番号などの個人情報や秘密情報を Web を利用して相手に送信する必要があります。そのような情報

---

[8] または、URI（Uniform Resource Identifier）とも呼ばれますが、本書では、URL という表記を使用します。

の送信において、Webの場合も、電子メールの場合と同様に、送信途中に多くのコンピューターを経由して情報が相手先に届けられるので、盗聴、改ざんの危険が存在します。

インターネット・ショッピング以外にも、例えば、Webを利用した個人情報や秘密情報を送受信するサービスとして、以下のものがあげられます。

- 種々の個人サービスを受けるためのサイトにおける個人情報登録
- Gmailなど、大手ポータルサイトのメールサービス
- Twitter、Facebookなどのソーシャル・ネットワーキング・サービス
- Googleなどの検索サイトを利用した情報検索
- ネットバンキングやネット証券の利用
- 官公庁における申告、入札、届出など

このようなインターネットを利用したサービスにおいて、個人情報、秘密情報を送信する機会は多く、途中で誰かに盗聴されたり、書き換えられたりする危険が常に存在します。また、金銭詐欺を目的とした偽のWebサイトに誘導され、銀行口座のパスワードやクレジットカード番号などの秘密情報を教えてしまう被害も報告されています。インターネットを利用して、個人情報や秘密情報を送信する場合、常に情報漏洩やセキュリティということを考える必要があります。

個人情報や秘密情報を保護するためには、以下のことを解決することによって、より安全に情報通信が可能になると考えられます。

- 個人情報や秘密情報を含むプライバシーの保護
- 詐欺サイト、ウイルス頒布サイトなどの信頼できないサイトの判別

これらを解決する方法として、以下の2つの方法が考えられます。

- 情報を暗号化すること（盗聴防止、電子署名、デジタル認証技術の応用）
- 正規のサイトであることの証明（認証局の利用）

さらに、上記の暗号通信と認証局を組み合わせたSSL（Secure Socket Layer）を利用することによって、より強固な防御が可能になります。以下の節では、これらのことについて説明します。

2.2 情報の暗号化

電子メールやWebを利用する場合、プライバシーをどのようにして保護したらよいでしょうか。この問題の解決策の1つはプライバシーに関するメッセージや情報を暗号化することです。やり取りする情報を送信者と受信者しか解読できないように暗号化すれば、その情報のプライバシーは守られることになります。

暗号とは、情報の内容にスクランブルをかけて、情報を受け取ってほしい受信者しかスクランブルを解除できないようにする技術です。スクランブルをかけるときと解除するときには鍵が必要になります。

暗号はプライバシーに関する情報を保護するため、複雑な数学を頼りにしています。情報の暗号化には、以下のような要素が必要になります。

- 暗号化の対象となる情報（平文）
- 暗号化された情報（暗号文）
- 暗号化アルゴリズム（情報の暗号化に使用する数学の関数）
- 暗号鍵（暗号化アルゴリズムで使用する数字、単語、フレーズなど）

暗号化とは、暗号化アルゴリズムと暗号鍵を使って、平文を第三者には意味不明の文字列（暗号文）に変換する処理のことをいいます。また、復号化とは、暗号化アルゴリズムと暗号鍵[9]を使って、暗号文を元の平文に変換する処理のことをいいます。暗号化の目的は、暗号鍵なしでは、暗号文から復号文（元の平文）にすることができないようにすることです。

最も簡単な暗号の例として、図 2.3 に示すような換字暗号を見てみましょう。換字暗号とは、メッセージの各文字を一定の規則に従って別の文字に置き換える暗号のことです。

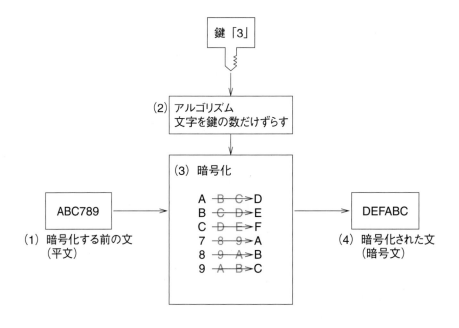

図 **2.3** 換字暗号の例

---

[9] 復号化の場合に使用される暗号鍵は暗号化に使用した暗号鍵と同じものである必要はありません。

2.2 情報の暗号化

(1) 次のメッセージ（平文）を暗号化してみましょう。

　　YOUR SECRET NUMBER IS 0918

暗号化を簡単にするため、平文は大文字だけの英字と数字に限定します。ここでは、次のような文字列を定義します。

A,B,C,D,E,F,G,H,I,J,K,L,M,N,O,P,Q,R,S,T,U,V,W,X,Y,Z,0,1,2,3,4,5,6,7,8,9

(2) 次に、暗号化のアルゴリズムとして、どのような規則で文字をずらすかを定義します。暗号化は暗号鍵の数字で指定される分だけ文字を文字列に沿っての右にずらすことにします。ただし、9を越えたらAに戻るようにします。ここで、暗号鍵は数字3を選択することにしましょう。

(3) 定義した規則にしたがって、平文の各文字を暗号鍵の数字の分だけ文字列に沿って右にずらしてみましょう。例えば、文字"A"は3文字ずらして"D"、文字"B"は3文字ずらして"E"、…、文字"9"は3文字ずらして"C"になります。

(4) そうすると、

　　1RXU VHFUHW QXPEHU LV 3C4B

という暗号文ができあがります。復号化は暗号鍵の数字で指定される分だけ定義された文字列に沿って左にずらせば、元の平文に戻すことができます。

　暗号文をみると、意味不明のメッセージに変換されているので、一見、みごとに暗号化されたかのように見えますが、この暗号はすぐに解読されてしまいます。なぜなら、コンピューターを使って、暗号鍵に相当する適当な数字を当てはめて、暗号文を復号化して平文になおし[10]、もっともらしい文章を見つけ出すことは、そんなに難しいことではないからです。

　暗号化の目的は、暗号鍵なしでは、暗号文から復号文（元の平文）に変換することができないようにすることです。上記の例では、暗号鍵として「平文の各文字に対して何文字ずらすか？」という数字列を指定しました。この方法によって暗号化された平文は、暗号化に使用された暗号鍵の数字列を知っていれば、元の平文に戻すことができます。このように暗号化および復号化に使用される数字列は「暗号鍵」、または、単に「鍵」と呼ばれ、その多くはビット数が使用されます。鍵の長さ（数字列の長さ）は長ければ長いほど、暗号文の解読が困難になります。鍵を長くすることで、解読に要する計算時間が増加し、解読は不可能に近くなるからです。また、解読の困難さのことを「暗号の強度」と呼び、解読が困難な暗号は「強い暗号」と呼ばれ、解読が容易な暗号は「弱い暗号」と呼ばれます。

　基本的な暗号化方式として共有鍵暗号方式と公開鍵暗号方式の2つの方式があるので、次にそれらの暗号化方式について簡単に説明します。

---

[10] このような暗号解読方法は、「総当たり攻撃」と呼ばれています。

2.2.1 共有鍵暗号方式

共有鍵暗号方式では、情報の暗号化と復号化に同じ鍵を使用します。この方式は秘密鍵暗号方式、共通鍵暗号方式、または、対称鍵暗号方式とも呼ばれています。

共有鍵暗号方式は情報の送信者と受信者が 1 つの鍵を共有するため、その鍵を第三者に知られないように秘密にしておかなければなりません。

共有鍵暗号方式は、主に、コンピューターのハードディスクに保管した情報を暗号化して保護したり、2 台のコンピューター間で伝送する情報を暗号化するために使用されます。

共有鍵暗号方式で、よく使用される方式は次のものがあります。

- DES（Data Encryption Standard）
    - DES は 56 ビットの鍵を使用し、1977 年にアメリカの連邦規格に採用されました。その破り方について、多くの研究がなされているといわれています。

- トリプル DES
    - トリプル DES は DES のアルゴリズムを異なる 2 つの鍵で 3 回実行することにより、鍵の長さを 2 倍にする方法です。

- RC2、RC4、RC5（Rivest Code ♯2, ♯4, ♯5）
    - 鍵の長さは 1 ビットから 1,024 ビットまで使えます。48 ビット未満の短い鍵だと、比較的簡単に破られる可能性があります。

- IDEA（International Data Encryption Algorithm）
    - IDEA は 128 ビットの鍵を使用します。IDEA は 128 ビットの長い鍵を使用しているので、コンピューターで、総当たり攻撃するには長い時間を要するので、解読は事実上不可能であるといわれています。

- スキップジャック
    - スキップジャックはアメリカの国家安全保障局（NSA）が民間向けに開発した非公開のアルゴリズムです。スキップジャックは 80 ビットの鍵を使用しているので、いまのところ、総当たり攻撃で破られることはないといわれています。

しかし、共有鍵暗号方式には問題点があります。それは暗号化する側と復号化する側で、共通の鍵を使用するということです。共通の鍵を使用するということは、どちらか一方がその鍵を配布しなければならないことになります。鍵は暗号化を行うための鍵ですから、第三者に知られては困るので、平文では送ることはできません。また、その鍵を暗号化して配布するために、別の鍵を使用して送ることもできません。なぜなら、別の鍵の配布においても同じ問題が生じるからです。さらに、通信する相手が増加すればするほど、異なる通信相手には異なる鍵が必要となるので、鍵の数も増加します。インターネットを利用している人数を考えると、その人たちが共有

鍵暗号方式を利用して通信を行う場合、膨大な数の鍵が必要になります。この問題は共有鍵暗号方式を採用し、鍵を共有している限り、避けることはできません。

2.2.2 公開鍵暗号方式

1970年代に「鍵を共有しない」暗号化方式が開発されました。この暗号化方式は「公開鍵暗号方式」と呼ばれます。

公開鍵暗号方式では、公開鍵と秘密鍵と呼ばれる2つの鍵を使用します。公開鍵を使用して、情報を暗号化し、秘密鍵を使用して、暗号文を復号化します。この方式は暗号化と復号化に異なる鍵が使用されるので、非対称鍵暗号方式とも呼ばれています。

公開鍵暗号方式は、主に、電子メールなどのデータの送信や意図的なデータ改ざんなどを防ぐための電子署名（デジタル署名）に使用されます。例えば、電子メールの送受信の暗号化には、図2.4に示すように、公開鍵暗号方式が使用されます。

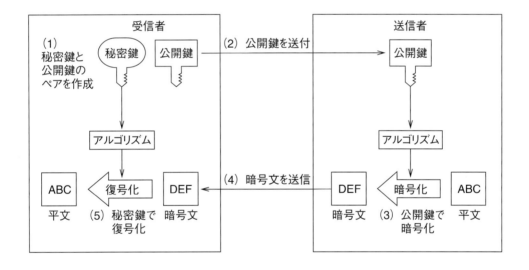

図 2.4　公開鍵暗号方式の例

(1) 公開鍵暗号方式では、メッセージの受信者は公開鍵と秘密鍵を用意します。
(2) 受信者はメッセージの送信者に公開鍵を公表します。
(3) 送信者はその公開鍵を使用してメッセージを暗号化します。
(4) 送信者は公開鍵を使用して暗号化したメッセージを受信者に送信します。
(5) 受信者は公開鍵を使用して暗号化されたメッセージを自分の持っている秘密鍵を使用して復号化します。

公開鍵は誰に教えてもかまいませんが、秘密鍵は他人には絶対に秘密にしておかなければなり

ません。送信者は受信者が作成した公開鍵を使用して情報を暗号化し、受信者に送ることができます。暗号化された情報を誰かが盗聴したとしても、盗聴者には解読できません。なぜなら、暗号解読の秘密鍵を持っているのは受信者だけだからです。

公開鍵暗号方式では、数学的な処理により公開鍵と秘密鍵が生成されます。公開鍵暗号方式が「強い暗号」であるためには、公開鍵から秘密鍵を導き出すことが困難であることが必要になります。最も強力な公開鍵暗号方式として利用されているアルゴリズムに、RSA[11]暗号方式があります。

公開鍵暗号方式は暗号化と復号化の計算が複雑で時間がかかるため、大量のデータの暗号化通信には不向きであるという欠点があります。

2.3 電子署名

誰かに重要な書類を提出する場合、「この書類は、本人が作成したものに相違ありません。」ということを証明するために署名することがあります。しかし、誰かに文書や署名が改ざんされると、間違った情報が伝達され、たいへんな事態に陥ることが予想されます。例えば、取り引き先に送った情報が改ざんされ、取り引き先に多大な損害を生じさせることにもなりかねません。そのような場合、自分自身の信頼も同時に失うことになります。もし、文書が電子メールで送信される場合、その内容が送信中に改ざんされる可能性もあるし、本人が書いた覚えのない文書を勝手に送信される場合もあります。電子署名[12]は、ファイルやデータの送信の際、そのファイルの内容やデータの意図的な改ざんを防ぐために使用することができます。

電子署名で重要なことは「メッセージが改ざんされていない」ことと「そのメッセージを本人が確かに書いた」ということが証明できることです。

メッセージが改ざんされていないかどうかを確かめるためには、メッセージを「メッセージダイジェスト関数」、または「メッセージ要約関数」という数学関数を用いてメッセージダイジェスト[13]に変換します。このメッセージダイジェストは同じメッセージからは常に同じメッセージダイジェストが生成されます。もし、メッセージが改ざんされて、一字でも違っていた場合、まったく異なるメッセージダイジェストが生成されます。送信されたメッセージをメッセージダイジェストに変換して、あらかじめ変換しておいたメッセージダイジェストと比較して、それが一致していれば、メッセージは改ざんされていないということが証明できます。

メッセージダイジェスト関数の代表的なアルゴリズムには、SHA（Secure Hash Algorithm）、MD5（Message Digest 5）などがあります。SHA は 160 ビットのメッセージダイジェストを、MD5 は 128 ビットのメッセージダイジェストをそれぞれ生成します。

---

[11] このアルゴリズムの開発者である Ronald Rivest、Adi Shamir、Leonard Adleman の 3 人の名前の頭字語です。
[12] または、デジタル署名とも呼ばれます。
[13] または、メッセージ要約値、ダイジェスト値、ハッシュ値などとも呼ばれます。

2.3 電子署名

次に、署名についてですが、署名とは、文書の最初または最後に自分の名前を書き、「この文書は確かに自分が書きました」ということを証明するための手段です。名前の筆跡は個人個人で異なるため、同じ名前でも、筆跡から本人であることが証明できます。日本では、印鑑をよく使用するので、自分の印鑑を押印することで、本人であることが証明できます。それでは、電子署名の場合は、どのようにして「この文書は確かに自分が書きました」ということを証明できるでしょうか。メッセージダイジェスト関数を使用してメッセージダイジェストに変換しただけでは、信頼できる電子署名を作成するという目的は半分しか実現できません。残りの部分を実現するには、さきに述べた公開鍵暗号方式が使用されます。

電子署名では、公開鍵暗号方式を電子メールの送受信の場合と鍵の使用法を逆にして使用します。逆とは、メッセージを自分の秘密鍵を使用して暗号化し、それを公開鍵を使用して復号化するということです。送信されたメッセージは、自分の公開鍵を持っている人なら誰でも復号化できます。公開鍵に対応する秘密鍵は1つしかないので、もし、公開鍵を使用してメッセージを復号化することができたら、その公開鍵に対応する唯一の秘密鍵を使用してメッセージが暗号化されたことの証明になります。自分の秘密鍵を使用してメッセージを暗号化することを、「メッセージに署名をする」といいます。

メッセージダイジェスト関数と公開鍵暗号方式を使用すれば、図2.5に示すように、署名付きのメッセージを送信することができます。

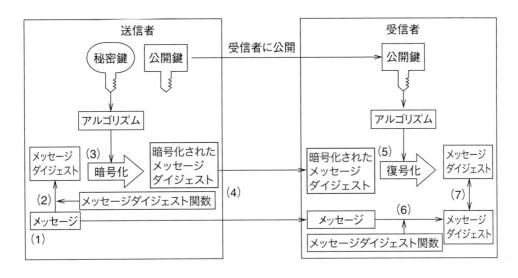

図 **2.5** 電子署名

(1) 送信者は相手に送るためのメッセージを用意します。

(2) 送信者はメッセージをメッセージダイジェスト関数を使用してメッセージダイジェストに変換します。

(3) さらに、送信者はメッセージダイジェストを自分の秘密鍵を使用して暗号化します。

(4) 送信者はメッセージと暗号化されたメッセージダイジェストを受信者に送信します。

(5) メッセージを受け取った受信者は、メッセージダイジェストの暗号化に使用された秘密鍵に対応する公開鍵を使用して暗号化されたメッセージダイジェストを復号化します。

(6) さらに、受信者は受け取ったメッセージをメッセージダイジェスト関数を使用してメッセージダイジェストに変換します。

(7) 復号化されたメッセージダイジェストと受け取ったメッセージをメッセージダイジェスト関数を使用して変換したメッセージダイジェストとを比較して、それが一致していれば、送信されたメッセージが改ざんされていないことが証明されます。秘密鍵を使用して暗号化されたメッセージダイジェストをそれに対応する公開鍵を使用して復号化できたということは、その公開鍵に対応する秘密鍵の所有者(メッセージを送った本人)が署名(暗号化)したことが証明されます。

2.4 電子証明書

　現代社会は信用社会です。何かを取り引きする場合、取り引き先が本当に信頼できる個人、または組織であるのか、その身元確認は重要になります。自分の身分を証明する簡単な方法は信頼すべき機関が発行する身分証明書を持参することです。企業などでは、社員にIDカードの携帯を義務付けています。大学では、学生に学生証の持参を義務付けています。国家はパスポートを入出国管理のために使用します。スピード違反や信号無視などの違反を犯した人は身元確認のため運転免許証の提示を警察から求められます。

　また、身元の信頼性を確保するためには、そのような証明書を簡単に偽造できないようにすることと、正規の発行元機関でしか証明書を発行できないようにすることが必要になります。

　現在は、インターネットなどのネットワーク経由で他のコンピューターにアクセスしたり、機密情報を保持する1台のコンピューターを複数のユーザーで共有することが多くなっています。コンピューターが提供する情報やサービスに対して不正なアクセスを防止するため、何らかの方法でユーザーを特定する必要があります。

　コンピューターシステムにアクセスしたとき、そのユーザーを特定するため、現在広く利用されている身元確認技術はパスワードを利用した認証があります。コンピューターシステムの利用許可を与えられたユーザーに、ユーザー名とパスワードをあらかじめ割り当てます。ユーザーが、コンピューターシステムにアクセスするとき、ユーザー名とパスワードを入力すると、あらかじめコンピューターに登録されているパスワードと照合され、そのユーザーが本人であるかどうかが判定されます。

　このようなパスワードによる身元確認技術は、非常に簡単で利用しやすいという反面、次のよ

2.4 電子証明書

うな問題もあります。

- あらかじめ、アクセスを許可するユーザーのユーザー名とパスワードをコンピューター内にファイルとして保存しておかなければならない。
- ユーザーがパスワードをコンピューターに送信しなければ、コンピューターはパスワードを照合できない。
- パスワードを盗んだ人がユーザーになりすますことができる。
- 人間はパスワードを忘れやすい。

このような問題があるにもかかわらず、パスワードはさまざまな用途の身元確認技術として現在も使用されています。

前節で説明した電子署名を利用すると、身元確認機能を向上させることができます。自分の公開鍵を改ざんできないような形で配布しておくと、自分の秘密鍵を使用して自分が本人であることを証明することができます。

しかし、公開鍵を改ざんできないような形で配布するためには、その公開鍵の証明書を発行する認証局（Certification Authorities, CA）が必要になります。認証局が発行する証明書には、対象人物（組織）の名前、対象人物（組織）の公開鍵などの情報が記載され、認証局の秘密鍵によって電子署名されます。認証局が発行する証明書によって、特定の公開鍵が特定の個人または組織に所属することが認証できます。

このように、信頼できる認証局が発行する電子証明書を利用すると、インターネットを利用する個人や組織はお互いの身元を簡単に確認できるようになります。

電子証明書を利用すると、次のような利点があります。

- 相手の身元を確認してから、自分の機密情報を提供できる。
- ユーザー名とパスワードを使用しなくても、相手の身元を確認できる。

電子証明書の種類には、以下のような証明書があります。

- 認証局証明書
    - 認証局の名前と公開鍵を記載する証明書で、公開鍵が適正で、しかも、信頼できるものであることを認証局自身が自分で署名する場合と、他の認証局が署名する場合があります。認証局証明書はWebブラウザーに直接組込むなど、安全で確実な手段で配布されます。
- サーバー証明書
    - SSL（Secure Socket Layer）サーバーの公開鍵[14]、サーバーを運用する組織の名前、インターネットのホスト名などが記載されます。

---
[14] SSLについては、次節を参照してください。

- 個人証明書
  - 個人の身元証明書で、証明書には、個人の名前と公開鍵などが記載されます。
- ソフトウェア配布元証明書
  - この証明書はインターネットを利用して配布するソフトウェアに署名するために使用されます。認証局はソフトウェア配布元の電子証明書を発行します。
  - 電子署名によってプログラムコードに署名（コード署名）することで、インターネット経由で配布されるソフトウェアの信頼性を向上させることができます。プログラムのソースコードをダウンロードして使用する場合、途中で意図的に改ざんされたり、ウィルスに感染するなど、コードに変更があった場合、その影響を抑制することができます。
  - ソフトウェア配布元は秘密鍵でプログラムコードに署名し、その秘密鍵に対応する公開鍵、鍵を所有する個人または組織の名前などが証明書に記載されます。

認証局がどのようにして証明書を発行するのか、Web サーバー証明書の発行を例に取り上げ、図 2.6 に示します。サーバー証明書は正式なドメイン名を有するサーバーに対してのみ発行されます。

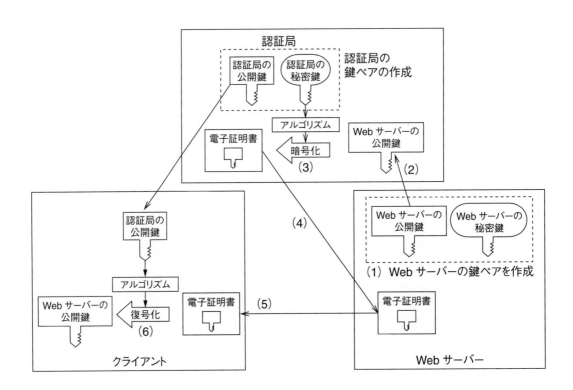

図 **2.6** 認証局による電子証明書の発行

2.4 電子証明書

(1) Web サーバーの秘密鍵と公開鍵のペアを作成します。

(2) Web サーバーを運営する組織は Web サーバーの公開鍵を含む証明書の記載内容と証明書署名要求（Certificate Signing Request, CSR）を認証局に送信します。証明書署名要求とは、Web サーバーの公開鍵、サーバー名など、証明書に記載する内容をメッセージダイジェスト関数を使用してメッセージダイジェストに変換したものを Web サーバーの秘密鍵を使用して暗号化（電子署名）を施したものです。

(3) 証明書の記載内容と証明書署名要求を受け取った認証局は、記載内容に含まれている Web サーバーの公開鍵を使用して証明書署名要求を復号化し、メッセージダイジェスト 1 を取り出します。それを記載内容をメッセージダイジェスト関数を使用して変換したメッセージダイジェスト 2 と比較することで、記載内容が改ざんされていないこと、または、破損していないことを確認することができます。Web サーバーの公開鍵に対応する秘密鍵を持たない限り、正しく電子署名処理を施すことはできないため、悪意のある人が正当な Web サーバーの秘密鍵に対応していない偽の公開鍵と Web サーバーの名前などから偽の証明書を発行すること、つまり、他人が電子署名した偽の証明書を正当なものであるかのように振る舞う「なりすまし」に対する防御策になっています。

認証局は Web サーバーを運営する組織が実在することを証明するために、申請内容、実在確認など、認証局運用規程に定められた手続きに従って認証作業を行い、Web サーバー証明書を作成します。認証局はサーバー証明書に認証局の秘密鍵を使用して暗号化（電子署名）し、Web サーバー証明書を発行します。

(4) Web サーバーにサーバー証明書のインストールを行います。

(5) クライアントが Web サーバーにアクセスしたとき、Web サーバーはクライアントに Web サーバー証明書を送信します。

(6) Web サーバー証明書を受け取ったクライアントは Web サーバー証明書を次のように確認できます。

- クライアントはブラウザーに最初から組み込まれた認証局の公開鍵を使用して Web サーバー証明書を復号化し、Web サーバーの公開鍵を取り出すことができます。
- 認証局の秘密鍵に対応した公開鍵を使用して Web サーバー証明書を復号化できたということは、Web サーバー証明書の署名を確認することができたということの証明になります。
- また、Web サーバー証明書をメッセージダイジェスト関数を使用してメッセージダイジェストに変換し、Web サーバー証明書に記載されているメッセージダイジェストと比較することで、改ざんの有無を確認できます。（電子署名のところの説明を参照してください。）

Web サーバー証明書の発行において、Web サーバー側でも認証局側でも、電子署名という行為を行いますが、それぞれの秘密鍵と公開鍵は、次のような役割を果たします。

- Web サーバーの公開鍵
    - Web サーバーの公開鍵は認証局に申請する Web サーバー証明書に記載されている内容が改ざんされていないかどうかを確認するために使用されます。
    - 公開鍵は基本的に公開されているため、認証局はこの公開鍵を使うことができます。
    - Web サーバーの秘密鍵を使用して暗号化された（電子署名された）証明書署名要求をこの公開鍵で復号化することができます。Web サーバーの秘密鍵を使用して電子署名した内容が改ざんされていないかどうかをこの公開鍵で確認することができます。
- Web サーバーの秘密鍵
    - Web サーバーの公開鍵、サーバー名など、Web サーバー証明書に記載する内容に電子署名するために使用されます。
    - 秘密鍵を保持しているのは、その Web サーバーしかないので、この秘密鍵を使用して、暗号化または復号化できるのは、その Web サーバーだけです。
    - Web サーバーの秘密鍵を使用して暗号化された証明書署名要求は、対応する公開鍵でしか復号化することができません。
- 認証局の公開鍵
    - 認証局の秘密鍵によって暗号化された（電子署名された）Web サーバ証明書を復号化し、Web サーバー証明書の署名を確認するために使用されます。認証局の秘密鍵に対応した公開鍵を使用して Web サーバー証明書を復号化できたということは、Web サーバー証明書の署名を確認することができたということの証明になります。
    - 認証局の公開鍵は Web ブラウザーやメール送信ソフトウェア等の公開鍵暗号化処理機能を備えた多くのアプリケーションに最初から組み込まれた形で出荷されているため、認証局の公開鍵がどこにあるかを特に気にする必要はありません。
- 認証局の秘密鍵
    - 認証局が Web サーバー証明書に電子署名する際に使用する鍵です。
    - 認証局以外は決して使用できない鍵なので、それに対応する公開鍵を使用して復号化できることを確かめることにより、Web サーバー証明書は認証局が発行したものであることを確認することができます。

2.5 SSL

インターネット・ショッピングで、気に入った商品が見つかりました。そこで、その商品を購入しようと、クレジットカード決済を選択し、クレジットカードの番号をインターネット・ショッピングサイトのフォームに入力し、送信するときがきました。このとき、どのような危険があるでしょうか。

- 通常の HTTP を利用した通信では、フォームに入力した住所、氏名などの個人情報やクレジットカード番号などの秘密情報は、入力したそのままの形で Web サーバーに送信されます。インターネット経由で送信された情報は、途中で誰かに盗聴されるかもしれません。その結果、後で購入した覚えのない商品の請求書が届くかもしれません。

- クレジットカードの請求書は届いても、商品が届かないかもしれません。もう一度、そのサイトにアクセスしてみると、そのサイトはすでに存在していないかもしれません。そして、最初から詐欺目的であったことが判明するかもしれません。

Web を利用する場合、このような危険をなくすために、SSL（Secure Socket Layer）が開発されました。SSL は、データの送信途中、情報を盗聴から守ることができます。また、SSL を使用すると、通信先のサイトの身元を確認することができます。SSL はインターネット上で暗号情報を送受信するためのプロトコルで、Netscape 社で開発され、現在の標準的な Web ブラウザーに組み込まれています。SSL を利用すると、共有鍵暗号方式のところで指摘した共有鍵の配布の問題と大量データ通信における公開鍵暗号方式の問題も解決できます。

SSL を利用すると、どのように安全な通信ができるか、その流れを図 2.7 に示します。

(1) クライアントが Web サーバーと SSL を使用して通信しようとした場合、クライアントは Web サーバーとの通信路の確立を要求します。このとき、クライアントはクライアントが通信データの暗号化に使用できる共有鍵暗号方式の種類などを含むメッセージを Web サーバーに通知します。メッセージを受け取った Web サーバーはクライアントが使用できる共有鍵暗号方式の種類の中から適切な暗号化方式を選択し、クライアントに通知します。

(2) 続けて、Web サーバーは認証局によって電子署名された Web サーバー証明書をクライアントに送信します。この Web サーバー証明書には、Web サーバーの公開鍵が含まれています。

(3) クライアントは使用している Web ブラウザーにあらかじめインストールされている認証局証明書から認証局の公開鍵を取り出し、それを使用して、署名を確認し、Web サーバーの認証を行います。

- 認証局の公開鍵はそれに対応する認証局の秘密鍵によって暗号化された（電子署名された）Web サーバー証明書を復号化するため（署名の確認のため）に使用されます。
- また、Web サーバー証明書に記載されている内容をメッセージダイジェスト関数を使ってメッセージダイジェストに変換し、Web サーバー証明書に記載されているメッセー

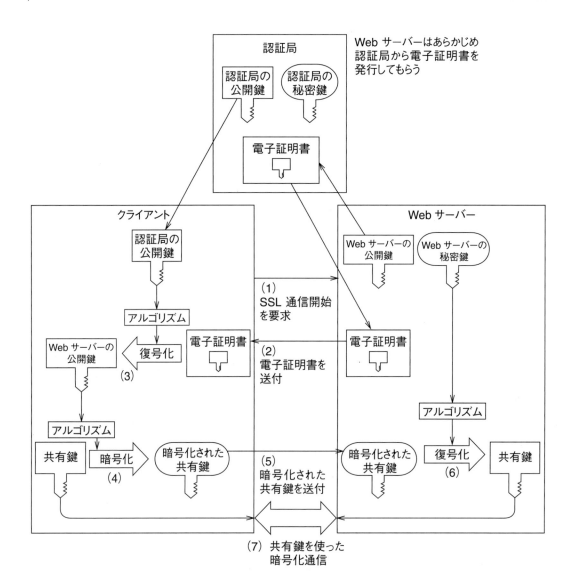

図 2.7 SSL 通信

ジダイジェストと比較することで、改ざんの有無を確認できます。

○ このようにして、「なりすまし」を防止することができます。

(4) Web サーバーの認証が終了すると、クライアントは選択された共有鍵暗号方式を使用して、送信する情報を暗号化するために使用される共有鍵[15]を作成します。次に、作成した共有鍵をサーバー証明書から取り出された Web サーバーの公開鍵で暗号化します。

(5) Web サーバーの公開鍵で暗号化された共有鍵を Web サーバーに送信します。

---

[15] この鍵はマスターシークレットと呼ばれます。

2.5 SSL

(6) Web サーバーは暗号化された共有鍵を Web サーバーの秘密鍵で復号化し、共有鍵を取り出します。

(7) クライアント、Web サーバーともに、情報を暗号化するための共有鍵が安全に用意できたので、その共通鍵を使用して、情報の暗号化通信が可能になります。

訪問したサイトが SSL を使用しているかどうかは、以下のことを確認することでできます（図 2.8 参照）。

- Web サイトのアドレスが、https://ではじまっているか。
- ブラウザーに鍵アイコンが表示されているか。

図 2.8　Internet Explorer の SSL 画面の例

クライアントが SSL を利用して Web サーバーと通信する場合、上述したようなやりとりが行われていますが、認証局や Web サーバー証明書などを意識することは特にありません。

Web ブラウザーの鍵アイコンをクリックすると証明書が表示されて、その内容を確認することができます（図 2.9 参照）。証明書では、以下のことが確認できます。

- 発行元（図 2.10 参照）を確認できます。

◦ 署名アルゴリズム：証明機関が証明書の電子署名に使用するメッセージダイジェスト関数のアルゴリズム（sha1 など）と公開鍵暗号方式のアルゴリズム (RSA など) を確認できます。

◦ 署名ハッシュアルゴリズム：証明機関が証明書の電子署名に使用するメッセージダイジェスト関数のアルゴリズム（sha1 など）を確認することができます。

◦ 公開キー：サーバーの公開鍵、例えば、IE では「公開キー」、Chrome では「公開鍵」と表示されています（図 2.11 参照）。証明書の公開鍵と鍵の長さを確認することができます。

◦ 拇印アルゴリズム：電子署名のメッセージダイジェストを生成するために使用されるメッセージダイジェスト関数のアルゴリズム（sha1 など）を確認できます。

◦ 拇印：証明書のメッセージダイジェストを確認できます。例えば、IE では「拇印」、Chrome では「SHA1」と表示されています（図 2.12 参照）。

図 2.9 Internet Explorer の SSL 画面の鍵マークをクリックすると、証明書の情報を見ることができます

　ウイルス頒布やフィッシング詐欺などを目的とした悪意のあるサイトは認証局から認証を受けることはできません。したがって、そのようなサイトのサーバー証明書は存在しません。このように、サーバー証明書を確認することで、信頼できるサイトであるかどうかを確認し、安心して情報のやりとりができます。

2.5 SSL

図 2.10　証明書の例（IE の場合）。発行元、有効期限などを確認できます

図 2.11　証明書の例（IE の場合）。サーバーの公開鍵も確認できます

図 2.12 証明書の例（IE の場合）。証明書のメッセージダイジェストも確認できます

課題

インターネット上で個人情報や秘密情報を安全にやりとりするための方法として、盗聴、改ざん、なりすましなどを防ぐための情報の暗号化、電子署名、正規のサイトの実在を証明する電子証明書、さらに、電子署名、電子証明書、共有鍵暗号方式を組み合わせた SSL について説明しました。そこで、SSL がどのように実際の取引に利用され、安全な取引が実現されているか、以下のことについて考察しなさい。

(1) SSL を利用した取引の例として、インターネット・ショッピングを考え、その取引について、SSL がどのように取り入れられ、安全性が保証されているのかを具体的に説明しなさい。その際、暗号化、電子署名、認証局、SSL の仕組みをその取引にあてはめて説明すること。

(2) その取引において、どのような情報を第三者から保護しなければならないのか考えなさい。

(3) その取引において、情報が第三者に漏洩した場合、どのような被害が想定されるのか考えなさい。

第3章

Web上のコミュニケーション

3.1 インターネットとコミュニケーション

　インターネットは、世界中のコンピュータネットワークがつながった〈ネットワークのネットワーク〉です。インターネットはTCP/IPというプロトコル（コンピュータ間でデータをやり取りするときの約束事で、データの書き方や送る手順、不都合が発生した時の対応方法などについての取り決めがプロトコルです）にしたがって運用されています。プロコトルとしてTCP/IPを使ったネットワークがインターネットであるとすれば、日本においても1988年にはすでにインターネットがあったということになります。WIDE（Widely Integrated Distributed Environment）と名づけられた大学や研究所をつないだネットワークがそれです。

　しかし、日本で商用インターネット接続のサービスが始まり、一般の人々がインターネットを利用できるようになったのは1993年のことでした。したがってインターネットという20世紀末に実用化されたメディアが登場してからすでに20年以上も経過したことになります。登場後2年目の1995年が日本の「インターネット元年」と呼ばれた年でした。「インターネット」が「流行語大賞」に選ばれたりしたのもこの年です。その後も急速にインターネット利用者が増え続けました。1998年にはCATVによるインターネット接続がはじまり、翌99年には携帯電話でもインターネットにつながるようになりました。さらにxDSL（既設の電話線を使って高速なデジタルデータ通信をする技術）の商用サービスがスタートし、2001年以後、xDSL技術の一種であるADSLサービスの加入者が急増しました。いわゆるブロードバンド環境がこの時期に瞬く間に普及・拡大したのでした。もっとも、2004年にはADSLの加入者が1千万人を突破しましたが、その後のデータ通信サービスは光ファイバー（FTTH:Fiber To The Home）によるものへと変化しました。

　この2004年頃を境としてWeb2.0と呼ばれるWebの新しい利用法が提唱されました。それまでの利用法が第一世代だとすると、その次の世代を意味するという点で2.0と表現されたのでした。ブログをはじめとするSNS（Social Networking Service）や集合知として知られるようになったウィキペディアなどの利活用がWeb2.0の象徴として注目されました。そして近年ではWeb利用

は、かつてのパソコンが媒介となった形に替わってモバイル端末、とりわけスマートフォンによるものに急速にシフトしていることはいうまでもありません。

ところで Web は、正確にいえば WWW（World Wide Web）というインターネットアプリケーションです。これはインターネットにつながっている世界中のコンピュータに蓄積されている情報（文字データ、画像、音声、映像および多元媒体（マルチメディア）など）を受信したり、逆に情報を発信する方法ですが、情報の受発信ができるということはコミュニケーションを実現するメディアとして欠かせないと考えてよいでしょう。

Web 上では、大学や研究機関はもちろん企業、行政体（政府・地方自治体）や各種報道機関、さらには NPO/NGO といったさまざまな組織体に加え、個人からもおびただしい情報が提供されていますし、それに基づくコミュニケーションが行なわれています。インターネットの特性（メディア特性）を前提に考えるならば、情報提供の仕方そのものが現実社会（Real-World）のものとは異なり、したがってコミュニケーションのあり方も現実社会とは違った形で行なわれていると見なければなりません。ここではインターネットというメディアを活用するいくつかのコミュニケーションの形を取り上げ、従来の現実社会におけるコミュニケーションとの違いを取り上げておきましょう。そのためにまずインターネットというメディアの構造と機能を見ておきます。だいたい次のように整理できると考えられます。

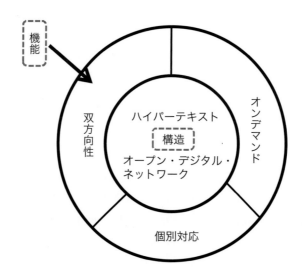

図 3.1　インターネットの構造と機能

構造としては、まず第 1 に「オープン・デジタル・ネットワーク」という特徴があげられます。コミュニケーションのきっかけや出発点となる情報が、コンピュータ処理の対象として、デジタル情報という形に一元化されて（0, 1 の数字の組み合わせであらわす）やりとりされるということです。文字ばかりではなく、音声、音楽に絵やイラスト、さらに画像、映像などもデジタル化

3.1 インターネットとコミュニケーション

された上で受発信ができるということです。しかも原則的にインターネットは誰に対しても開かれたネットワークという性格をもっていますから、広範囲にわたる情報の共有が可能になると考えられます。

第2に「ハイパーテキスト」という構造上の特徴があります。文書の任意の場所に埋め込まれた、他の文書・画像・音楽・プログラムなど（これらをオブジェクトと呼びます）に関する位置情報がハイパーリンクです。わたしたちは、普段は単にリンクと呼んでいます。ハイパーテキストというのは、このハイパーリンクを活用して複数の文書や相互につながりのあるオブジェクトを関連づけるシステムのことを指します。ハイパーテキストの具体例がまさにWebです。ブラウザと呼ばれるWeb閲覧ソフトで文書を表示して、リンクが示してある場所（文字色やそれを指示するアイコンなどによって簡単にわかります）をクリックすると、関連づけられたリンク先にワープするしくみになっています。相互につながっているという意味では、通信システムと似ていると思うかもしれませんが、もちろん全く違うシステムです。単に物理的な接点をもつというのではなく、連携に基づく協働作業（Collaboration）を実現する潜在力をもつ、いいかえれば問題意識を共有しながら知的・文化的な営みを協同してくりひろげていくことが可能となる、そのようなシステムだと考えられます。

インターネットは、さしあたり構造としてはこのように考えられますが、その主要な機能についてはどうとらえたら良いでしょうか。ここでは3つの主要な機能に絞って考えてみることにします。

まず、第1に、一対一はもちろん一対多や多対多（n対$n-1$）の「双方向性（interactive）」のやりとりができるという機能です。従来、一対一のやりとりを実現してきたパーソナルメディア（電話・郵便など）と、一対多の形をとりながらも、実は不特定多数への一方向的な情報発信でしかないマスメディア（テレビ・ラジオ・新聞・雑誌など）の、いわば両方の特性をあわせたものと考えられます。

第2に、「個別対応」を実現する機能です。「パーソナライゼーション」または「カスタマイゼーション」とも言える、「個」を前面にうちだして情報のやりとりができる側面です。ここで注目すべきなのは「『個』をうちだす」ということには二重の意味があるという点です。1つは、情報を発信する側が、自分の個性や独自性を表現するという意味であり、もう1つは、相手の「個性」「独自性」をつかんだうえで、それにふさわしい、しかるべき情報を送ることが可能になるという意味です。今世紀に入って、企業だけではなく行政部門でも、顧客や利用者のニーズを収集・分析して、それぞれに異なる対応を行ういわゆるCRM（Customer Relationship Management＝顧客関係性管理）の活用が注目されていますが、こうした動きとも大いに関係していると考えられます。

そして第3に、「ダイレクト・サプライ・オン・デマンド（需要即対応）」が実際に可能になるという点です。いわゆるオンデマンドと呼ばれる情報の提供のことですが、欲しい情報をその場で直ちに入手できることを可能とする機能にほかなりません。例えば見たいと思うビデオ映像が

すぐに鑑賞できるということです。インターネット接続のブロードバンド化、とくにFTTHの広がりが、このダイレクト・サプライ・オン・デマンドの普及に与ってきました。いわゆる知的所有権など法律的・制度的に解決されるべき問題はありますが、音楽や映像や各種ソフトなどを欲しい時に直ちにオンラインで手に入れるということがごく当たり前になったわけです。

以上のインターネットの機能のうち、例えば第2の機能である「個別対応」とくに相手の「個性」「固有性」をつかんで、それに最もふさわしい情報を送るという意味での「個別対応」は、第1の機能である「双方向性（interactive）」を前提にしていると考えられます。「双方向」でのやりとりを繰り返すなかで――しかもやりとりされる情報は文字情報だけではなく音、音声、画像、映像などの情報も含まれます――相手の「個性」や「パーソナリティ」が浮かび上がってくるという関係として考えられるからです。

そこであらためてインターネットをコミュニケーション・メディアという視点からとらえ返してみることにします。インターネットはパーソナル・メディアとマス・メディアの両方の特性をあわせもつメディアですが、これが実現するコミュニケーションは、情報の受発信の主体の違いによって、大きく2つの種類に分けられると考えられます。1つは、自立分散的に存在する発信主体によって情報の提供がなされ、それを不特定多数の受信者が受け取るという形です。その際受信者は受け取った情報へのレスポンスを直ちにできるという点でマス・メディアとは区別されます。もう1つは、何人かの人々が、関心・問題意識を共有しながら、あるいは共通の意思にもとづいた行動をおこしながら情報の受発信を行なうという形です。ここでは、前者を公衆（Public）コミュニケーション、後者を同人（Group）コミュニケーションと呼ぶことにします。

公衆（Public）コミュニケーション の具体例としては、Web上にホームページを公開することがあげられます。より多くの人に見てもらうこと、いわゆる同好の士の目にとまることを望んで自ら作成した文書や作品をホームページに載せるというのが基本です。したがって情報そのものの発信対象が、さしあたり不特定多数であるという点では、従来のマス・メディアに近いとも考えられます。しかし、あくまでも興味・関心をもった者のみが閲覧し、そのうちの何割かがオンラインで直接的に反応するという点で明確に異なります。公衆（パブリック）コミュニケーションと呼んだのはこのような仕組みに基づいているからです。

一方、同人（Group）コミュニケーションの典型例が、予めアドレスを登録したメンバー間での使用を前提とするメーリングリストです。また最近ではあまりその言葉が使われなくなってしまったように思われますが、いわゆる電子掲示板（BBS =Bulletin Board System）があります。これはあるグループないしコミュニティのあるメンバーが他のメンバーに伝えたい情報・メッセージを書き込んだ場合、その発言を読んだ誰かが返信（コメント）すると、それもメンバー全員が閲覧できる仕組みになっています。書き込み・閲覧・コメントを繰り返すことによってメンバー間での意見の交換、意見の調整が可能になります。とくにリアルタイムには発言に関われなかったメンバーでも、蓄積されているメッセージを過去にさかのぼって読むことができるので、情報の共有がはかれることになり、この点が一番の特長だといってよいでしょう。「2ちゃんねる」として

知られるのが最も古い電子掲示板の1つです。もちろん、グループやコミュニティのメンバー同士の電子的コミュニケーションということでいえば、こうした機能を中心的に実現しているのはいまでは SNS（Social Networking Service）だと見られます。SNS はメンバー間の、あるいは友だちとのコミュニケーションをはかる手段や機会を提供したり、共通の属性（出身地域・出身校・職業 etc.）や同一の関心事（趣味・文化活動・市民活動 etc.）を手がかりに新しい人間関係の形成を媒介するものです。いまや社会に欠かせないインフラとなったインターネットによって人と人のつながりとしてのコミュニティをつくるサービスであるがゆえに Social Networking Service なのだと解釈できます。現在ほとんどの人が何らかの SNS を使っていると見られます。アメリカで開発された Facebook や Twitter、日本で立ち上げられた mixi や LINE（韓国のインターネット・サービス最大手ネイバーの日本法人が運営）などが非常に多くのユーザーを得ています。

行論上、2つの Web コミュニケーションのうち、SNS は同人（Group）コミュニケーションに分類されるものとしました。しかし、実は SNS はどのサービスでも公衆（Public）コミュニケーションの側面ももっていると見たほうが適切だと考えられます。友だちを招いたり、仲間にメッセージを送ったり、コミュニティを作ったりする一方で、ゲームをやったり（1人ないし何人かで）、個人的な日記を書いたり、写真を公開したりもするからです。

2つの Web コミュニケーションの性格をあわせ持つという点では、いわば世代を超えて普及しているブログ（Weblog）に注目すべきかもしれません。ブログは個人が運営し、毎日更新される日記のような形式をとります。しかし、その特徴は自分の興味のあることや趣味について関連するサイト情報にリンクをはった上で、個人としてのコメント、論評を加えるという点にあります。つまり、個人の日記というよりは個人のニュースサイトと呼ぶほうが適切なのかもしれません。受信者（読者）としては、ホームページと同様にさしあたりは不特定多数を想定するものと見なすかもしれませんが、受信（閲覧）した側が、興味・関心をもった場合には、その反応を書き込むことができますし、もし自分でもブログを主宰しているのであれば、反応・コメントを自分のブログに公開し、そのことをそもそもきっかけを与えてくれたブログに伝えるということもできます。このような形で相互に関連する記事をつなぐことをトラックバックとよびます。すでにブログを主宰しているという方もいるでしょうし、友だちや知人が開いているという方もいると思います。ブログにはさまざまなカテゴリーがあり、1日何万人もの人たちを引き寄せている例も少なくありません。ぜひ自分の興味・関心にそったブログを見つけてみてください。

以上からインターネットならではのコミュニケーションがどのようなものかがおわかりいただけたのではないかと思います。

3.2 Web コマース（エレクトロニック・コマース）

ところでインターネットが日常的に使用されるメディアとなったことを基盤にして普及・拡大してきたのが、インターネットを活用する「取引と交換」としての Web コマース（エレクトロ

ニック・コマース）です。これは「取引と交換」を行う主体によっていくつかの類型に分けられます。一般にはエレクトロニック・コマースは電子商取引を意味しますが、ここではWebコマースという呼び方をして、「商取引」「ビジネス」「営利」の面に限定せず、「非営利」的な「交換や交歓を実現する」面にも広げたいと思います。これは、コマース（Commerce）には、商業、通商とならんで交流、交際、交歓という意味があることにもかなっていると見てよいでしょう。

そこで第1の類型ですが、「商取引」「営利」的性格が全面にでる文字通りの電子商取引ということです。具体的には、企業と企業の取引（B2B=Business to Business）と企業と消費者の取引（B2C=Business to Consumer）が代表的なものです。これに行政機関（公的機関）と企業（G2B=Government to Business）の取引が加わりますし、さらに消費者同士の取引（C2C＝Consumer to Consumer）も見過ごせません。C2Cの内実の多くは、販売価格が固定されているYahooバザールのようなC2Cもありますが、Webサイト上でオークションを行ういわゆるネットオークションが主流です。ただし、消費者間の取引は、必ずしも商取引に精通しているわけではない消費者が行うという点でさまざまなトラブルが発生しがちであることから、多くはC2C取引を仲介するビジネスが間に入るようになっています。つまりC2B2C（＝Consumer to Business to Consumer）という形が一般的になっています。なお、ネットオークション以外のやり取りの場合にはC2CというよりもP2P（＝Peer to Peer）と表現するのが一般的です。「対等な関係に立つ者」とか「同等の地位の者」という意味のpeer同士でのやり取りという点に注目した言い方をするということです。こうしたP2Pと同じように、「営利的」なものとは区別されるWebコマースのもう1つの類型としてあるのが、行政機関と市民（G2C=Government to Citizen）のやり取りです。市民が、直接行政機関に出向くことなく、自宅や勤務先などからインターネットを介して行政機関に届出や申請手続きを行うことを電子申請と呼びます。最近では、電子納税とか電子投票（市町村における首長や議員の選挙）などが行なわれるようになりました。

例えば全国の自治体のコンピュータをネットワークで連結し、国の機関も利用することを前提にして稼動しているのが住基ネット（住民基本台帳ネットワークシステム）です。この住基ネットをその基盤の一環とするのが電子政府・電子自治体であり、G2Cの具体化といえます。もっとも住基ネットは、2002年に導入されすでに10年以上経過しましたが、住基ネットを利用する際に必要となる住民基本台帳カードの普及率は5％台ともいわれ、活用とはほど遠い状況にあります。なぜ利用されないのか、個人情報の保護の問題をはじめ、さまざまな観点から考えてみる必要がありそうです。しかも2013年には「共通番号（マイナンバー）法」が成立しました。これは住基ネットの個人情報（住所、氏名、生年月日、性別）に、年金、医療、介護、税務などの情報が加わり、2017年には顔写真付きの個人番号カードが交付されるというものです。住民は、住民票や納税証明書を提出することなく、カード1枚で雇用保険や年金、介護保険の受給申請ができたり、自宅からネットで情報を閲覧できるということですが、国家が個人情報にどこまで立ち入ることができるのかという市民社会そのものの根本を問う問題を提起しているとも考えられます。こうしたことも念頭におきながら国、都道府県、市町村のそれぞれのレベルでどのようなG2C

が行われているのか、電子政府の実態はどうなっているのか等をぜひ調べてみましょう。さしあたり総務省の行政管理局が運営している「電子政府の総合窓口」(e-Gov)が手がかりとなります。

また、非営利的側面に注目した場合、先に確認したようなインターネットのメディア特性を活用しているNPOやNGOさらにはさまざまなボランティア活動も見逃せないと考えられます。こうした動きについてもあたってみるようにしましょう。

3.3 インターネット・ショッピング

さて、双方向性をもち、相手とのやりとりをごく簡単にしかも個別的に行えるインターネットの特性を、ビジネス活用という視点に絞って考えると、企業（ビジネス）と消費者との距離が縮まっていることに注目すべきかもしれません。このような意味で、Webコマースのなかでも、学生・市民を含む生活人・生活者の日常にじかに関係すると見られるＢ２Ｃについて詳しく見ておくことにします。具体的には、オンライン・ショッピングとかインターネット・ショッピングと一般的に呼ばれている「商取引」です。なお、Ｂ２Ｃ（企業―消費者間取引）には、日本でもすでに個人の証券取引の９割以上がネット取引になっているインターネット証券取引（ネット株取引）なども本来ならば含まれますが、ここでは省略します。

オンライン・ショッピングは、いわゆる「仮想商店街」にアクセスすることによって行います。「仮想商店街」は、インターネットの「構造と機能」を念頭におくと次のようにとらえることができると考えられます。

(1) 売り手と買い手とがインターアクティブ（双方向）なやり取りをし、(2) そのやり取りのなかで売り手は買い手の個性・特徴をつかみながら、それにふさわしい商品（アイテム）を提示する。買い手は、売り手に対して自分の欲しい商品等に関する情報を納得のいくまで求めることができる。(3) その際のやり取りは文字（テキスト）だけではなく画像・映像や音・音声などのデジタル・コンテンツも活用される。こうした特徴を備えた仮想商店街は、例えば現実（リアルワールド）の商店街で配布されているものをただ電子カタログとするようなものではなく、客・買い手の求めに応じて、実際に売買が成立するまでいろいろ対応することが可能な仮想空間の中に形成されていると考えられます。

「仮想商店街」一般についてやや具体的にいえば、画面の中にコンピュータ・グラフィックス（CG）で作成された商店が並んでいて、それらのいずれかをクリックするとその店のホームページに入れるようになっています。商品情報を中心にインターアクティブなやり取りをしながら実際に買い物ができます。買い手の視点からすれば、広告をはじめ売り手が用意した商品情報を閲覧するだけでなく、売り手との双方向的なやり取りを介して、あれこれ品定めをしながら、最後には、購入契約を結ぶこともできるという仕組みになっているわけです。現実世界では、広告やテレビコマーシャルを見て、紹介されている商品がたとえ欲しくなったとしても、実店舗に出向くか、電話をかけたり、郵便を出したり（通信販売）しなければならなかったのが、インターネッ

トショッピングでは、商品情報を見ている同じ画面から直ちに購入手続きができてしまいます。

　国内の仮想商店街には、収益をあげられずにいるケースがある一方で、インターネットのメディア特性をフルに駆使して営業している事例も見られます。例えば1997年に開設された「楽天市場」があります。いまでは年間取引総額が1.5兆円規模となり、モール（商店街）に出店している小売店などから得る手数料（これが「楽天市場」の売上高となります）が、年間5千億円ほどに達するのではと見られています。

　実際にアクセスしてみればわかりますが、その品揃え（商品数1億5千万点以上）や出店数（契約企業数13万以上）の多さには驚かされます。もちろん、楽天市場だけでなく、初期には世界最大のネット書店として知られたアマゾンや検索サイトを出自とするYahoo!ショッピングなどインターネット・ショッピングの広がりが目立ちます。大手サイトのほかにも、もともとは通信販売やテレビ通販を展開していた企業や家電量販店、コンビニ、衣料品小売店などがシェアをもっていますし、個人の出店も増えています。こうした全体の状況の中で、他とは違う特徴をもち、集客力をもつインターネット・ショッピングのサイトをいくつか探り当て、客＝買い手をひきつけている具体的要因が何かをぜひ分析してみてください。

　ここでも一応、ほかのサイトと比べて集客力があると思われるサイトに共通しているポイントをあげておきます。商店街全体（例えば「楽天」）としての特徴というよりは、出店している各ショップの工夫がどのようになされているのか、という観点から整理したものです。なお、ビジネス対象が空間的・地域的に限定されない、商品の陳列・在庫に関しての制約がないなどの一般的にいわれる、実店舗に対する優位性はもちろん前提としています。

1. ほかよりも優位にたてる商品、アイテム、ジャンルがある（いわゆるコア・コンピタンスを持っている）。
2. 標準的な実店舗では、ほとんど置いておらず、簡単には入手できないようなモノを扱っている。いわば希少性を前面に出したスタイルになっている。
3. いわゆるロングテール法則を受け入れ、全体の品目数の大部分を占める販売数量が少ない商品にも力を入れている。
4. 専門的な知識に基づいた商品情報を掲載している（「このサイトにあたるのが早道」として定着している）。
5. 商品だけを表示するのではなく、商品をストーリーのなかに組み込んで、消費するイメージがわきたつような工夫をしている。
6. 商品とは直接関係のない、例えばショップが立地している地域の情報などを付加しながら商品の特長を浮かび上がらせている。
7. 実績によりすでに相当の評価を得ている（「この店は裏切らない」「ここに出ていれば信用できる」etc.などのいわば格付けが与えられていて、ショップが一種のブランドとして認識されている）。

8. ユーザ／アクセス者とのコミュニケーションを重視している。メールを活用した個別対応を行っている。疑問、質問に迅速に対応したり、注文を受けたら直ちに確認メールを送信するなど顧客中心の運営をしている。
9. 商品検索機能を装備している。取り扱い商品を、例えばカテゴリ別、ジャンル別、キーワード別、価格別などに分類していて、アクセス者が求めようとする商品に容易にたどりつけるようになっている。
10. ユーザサポートの姿勢が鮮明である。例えばオーダーステイタス・サービスを行っている（注文した商品が製作途上にあるのか、すでに発送済みなのか、発送済みだとすればいつ頃届くのかなど、いまどんな状態にあるのかがわかるような仕組みとなっている）。
11. 毎日内容を更新して、商品情報（商品のラインとアイテム等）の鮮度維持につとめている。
12. 地域密着型の最新情報の提供につとめている（地域イベント情報、最新入荷情報、グルメ情報等）。
13. サイバーモールの運営に関して、加盟店の負担が軽い（出店にかかる固定費用を低くおさえたり、情報の提供スタイルを規格化している）。

　以上の13ですが、もちろんこれにつきるものではありません。ぜひ皆さんも、さまざまなネットショップを訪れた上で重要なポイントを抽出してみてください。要するに集客しているサイトというのは、インターネットというメディアの特性をよくつかんで、それをうまく活用しているサイトであると見てよさそうです。インターネットは、わき上がった購買意欲をその場で即座に購入契約に結びつける回路をもっていると見られます。従来であれば"実需"に結びつけるのが難しかった客の移り気で突発的でさえあるニーズも現実に変える力をもっていると言えそうです。そしてもっとも大きなポイントは、それぞれの買い手や顧客の個別的ニーズを"潜在的レベル"にまで立ち入って掌握することができるか、ということになるのではないかと思われます。「個別対応」がキーワードになるということです。その意味で2011年頃から実用レベルでの活用が可能となった「ビッグデータ」（規模がペタ級＝1000兆バイト級のデータ）が注目されます。ビッグデータは、量的にも多様性の面でもまた発生頻度においても従来の技術では管理不可能であったものが、ごく標準的なPCサーバとオープンソースソフトウェアの組み合わせで処理できるようになったことが背景となっています。消費者個人のあらゆる生活の行動歴が収集と分析の対象として扱えるようになったのです。ウェブの閲覧、ネット上での購買・決済、ケータイやスマートホンのGPS機能による行動位置、デジカメやデジタルムービーの記録場所、ソーシャルメディアへの書き込みと交換記録、非接触型IC搭載の端末による交通機関の乗車歴などがデータとして掌握可能となったのです。これらを手がかりにより一層精緻な個別的ニーズの把握が現実味をもって来ているのです。

3.4 インターネット・ショッピングの問題点

　インターネット・ショッピングは便利である反面、いくつかの注意が必要になると見なければなりません。インターネットの初期段階には自由やおおらかさなどがその性格を表現する言い方でしたが、普及・拡大につれてむしろ「インターネットは犯罪の巣窟」と言われるようになりました。詐欺、なりすまし、プライバシーの侵害、名誉毀損、わいせつ物の陳列と頒布、未承認薬品・薬物の販売などが特に問題となってきました。

　残念ながらインターネット・ショッピングもこうしたインターネットのマイナス面と無縁ではありません。というより、むしろさまざまなトラブルが発生している事例が少なくないといわれます。インターネット上での商品の売買においては、従来の現実社会での対面販売や通信販売で見られるもめごとと共通するものもありますが、むしろインターネットだからこそ発生するトラブルが問題となっています。こうした事態を想定して、わが国では「電子契約法（電子消費者契約及び電子承諾通知に関する民法の特例に関する法律）」が施行されました（2001年12月）。

　まず、①「秘密保持」の問題があります。誰もがアクセスできるというのがインターネットの特徴の1つですが、これは一面ではネットワークを流れるデータ／情報を、当事者以外の例えば悪意をもつ第三者が横取りする／盗み取ることも可能だということを意味します。インターネットショッピングの際にやり取りするデータ／情報も、このような危ない状況の下にあるかもしれないのです。インターネット・ショッピングを実際に行う場合、このようなことを念頭においておくことが不可欠です。

　次に、②「認証」の問題があります。インターネットを介したやり取りでは、やり取りする当事者が互いに相手の"真の"情報（名前、住所、電話番号、年齢、性別、顔、声などについて）を得られるとは限りません。やり取りしている相手のいわば"自己申告"が唯一の判断材料であり、それに頼るほかないからです。このことは商品の売買では重大な問題となりかねません。買い手側から見れば、商品の購入相手（売り手）が実在しない危険—詐欺—にさらされることにもなりますし、逆に、売り手側から見ても買い手が実は別人（なりすまし）で、代金の支払いがうけられないかもしれないという危険を背負い込む可能性があります。そこで、やり取りする相手の身元が正しいことを確認することが不可欠になりますが、これが「認証」の問題にほかなりません。「認証」の問題にはこのほかに、やり取りされるデータが本当に通信当事者の発信したものである——改ざんされたものではない——ことの確認ということもあります。詳しくは、第3章の「電子署名」を参照して下さい。

　さらに、③「取引の証拠化」の問題もあります。インターネットでは、現実社会であれば必ず発行される書面（注文書、売買契約書、領収書など）という形での証拠が残りません。したがって、売り手—買い手との間に、契約が本当に成立したのか、どのような内容の契約なのか、決済（代金支払い）は完了したのか、などに関してトラブルが発生したときには厄介なことになります。したがって買い手としては、発注先が送信してくる受注書（注文番号、注文日時などが記入

3.4 インターネット・ショッピングの問題点

されている）があればそれを保存するのはもちろん、注文したときの画面のコピーや電子メールの内容を保存しておくことも一つの対策となります。もちろん電子契約法の基本として、購入者が商品の具体的な説明、購入個数、代金などを確認できる画面を提供すること、客の購入意思を問うプロセスを用意することなどがあることを知っておきましょう。これはいわゆるワンクリック詐欺対策としても重要です。

それから、④「決済」の問題があります。特に注意しなければならないのが、利用者（買い手）がインターネットを通じてクレジットカードのナンバーを売り手に伝えて行うクレジットカード決済です。ナンバーその他の個人情報の外部漏出という問題があるからです。むろんカードのデータなどは暗号化によってセキュリティを確保するようになっています。WWWでは、サーバ側がSSL（Secure Socket Layer）という暗号化システムを動かすことが標準となっています。また認証の証明書を提示してはじめて通信ができ、クレジットカードの利用者が、カードナンバー、注文内容、支払い請求書などを暗号化して送信するシステム―売り手（店）にはカードナンバーがわからないようになっています―が整備されてきました。SET（Secure Electronic Transaction）と呼ばれる通信規格に基づくシステムがそれです。

決済の方法の1つに、電子マネーによる決済も考えられています。これはあらかじめ電子マネーの発行機関から、現実社会の現金・預金通貨と引き換えに手に入れた電子マネーという電子的貨幣価値を売り手に送信して決済するものです。ただし、電子マネーの普及は急速に進んでいますが（日銀によれば国内の発行枚数は2億以上に達しています）、現在でも各電子マネーの利用限度額はそれほど大きくはなく、最高でも10万円ほどです。

そして、⑤「海外取引」の問題も見逃せません。インターネット・ショッピングは国内のサイトだけではなく海外のサイトでも簡単にできます。しかし、海外サイトから買い物をした場合に、もしなんらかのトラブルに巻き込まれ、訴訟などを考えるとすれば、海外で裁判を起こさざるをえないことも考えておかなければなりません（もちろん、逆に海外で裁判をうけることになる可能性もあります）。契約時に表示される法律条項に同意した上で買い物をするわけですから、その法律を管轄している「国」の裁判が前提になるわけです。

そのほか、⑥一度購入の申し込みをすると、その取り消し／キャンセルは非常に難しいことが多いという問題もあります。申し込みにあたっては販売条件（価格、送料、支払方法、納期、返品や商品交換に関する条件など）を必ずチェックする、などの注意が必要だと覚えておきましょう。

また、⑦先に述べたように、商取引におけるパーソナライゼーション／カスタマイゼーションという「個別性」を標的にするマーケティングは、いわゆるセンシティブ性の高い情報を前提にするだけに、プライバシーを侵害されないように細心の注意をする必要も出てきます。

⑧なお、電子契約法は、事業者を前提とするものであり、個人間取引（C2C）における購入者保護についての明確なルールはない点に注意する必要があります。

万が一、インターネット・ショッピングに関連してなんらかのトラブルに巻き込まれた場合には、いくつか相談窓口がありますから、そこに連絡をとるのが一案です。例えば、各「経済産業

局消費者相談室」や「公益社団法人・日本通信販売協会（＝通販110番）」さらに「独立行政法人・国民生活センター（相談関連情報コーナー）」などです。海外取引のトラブルであれば消費者庁越境消費者センター事務局に相談することができます。

課題

1. 自治体によるソーシャルメディアを利用した住民への情報発信の具体例をさがし、住民の日常生活の変化について調べてみましょう。
2. 東日本大震災においてWebコミュニケーションが果たした役割を調べ、その上で大災害時のとくにソーシャルメディアの活用について考えてみましょう。
3. 次のような意見についてあなたはどう考えますか？　「実物を見るためだけに店に行き（これはショーウィンドウ化と呼ばれています）、実際には安いネット通販サイトをスマホで検索してそこから購入するというのが広がるだろう。小売業界が大きく変わる可能性がある。」
4. 本文で述べた、ネット・ショップにとって大きなポイントは、買い手や顧客の個別的ニーズを"潜在的レベル"にまで立ち入って掌握することができるかにある、ということについて具体的にどんなことが行なわれているのかを調べてみましょう。

第4章

情報を収集する―図書、新聞記事、Web上の情報

　レポートを書くために、またゼミで報告・発表するために、あるいは卒業論文を書くために、さまざまな「テーマ」について調べることが必要になります。ある「テーマ」について調べるということは、意味のわからない語句を辞書で調べるのとは基本のところが違います。なぜなら、語句の意味を調べる場合は、調べたいものが何かがすでにわかっていますし、辞書には語句がアルファベット順や五十音順にきちんと並んでいるので、調べることは簡単にできるからです。これに対して、ある「テーマ」について調べる（その「テーマ」が問題にしていることを解明する）ためには、何についてどのような方法で調べたらよいのか、そこから考えなくてはなりません。「テーマ」に関連する語句だけを辞書で調べても、それだけではいわば入り口に立った、にすぎません。レポートや論文に仕上げるためにはその後のプロセスをきちんとこなして行かなければならないのです。

　例えば、わたしたちの生活に大きな影響を及ぼすのはもちろん、経済活動に大きく関わりながら、一方でその重大な負の要因ともなる「自然環境破壊」を取り上げてみましょう。どのレベルの「自然環境破壊」を焦点とするのか？　生活用水が危険にさらされるような「河川・湖沼の汚染」なのか、いわゆる「地球温暖化」と関連するものなのか？　関連するとすれば具体的にはどのような対象を考えるのか？　それぞれの原因は？　このように少しでも考えてみれば、仮に「自然環境破壊」をテーマに設定したとしても、国語辞書はいうまでもなく百科事典や現代用語事典にあたってもすぐに納得できるような内容に到達できるわけではありません。しかも問題の対策としてすでにどのようなことが実施されているのか、それぞれの対策の間に齟齬はないのか、などについてはその情報を得られない場合がほとんどと言って良いでしょう。まして、あるべき対策はどのように構想されるべきか、というのは自分でその内容を組み立てていかなければならないものです。

　つまり、テーマについて調べるということは、意味のわからない語句を調べるということだけではなく、何を調べたらその問題の本質にたどり着くのか、最終的にはどんな自分の考えをもつ

のか、さらに場合によってはそれを論考としてどう表現し、公開の場でどのように発表するのかということを含むものと考えるのがむしろ当然というべきです。必要な知識・情報を収集するということは、このような一連のプロセスを前提としてとらえなければなりません。

では、どのようにして情報を収集すればよいのでしょうか。ここでは、情報リテラシーの第一歩とも言うべき、情報の収集について取り上げることにします。

4.1　図書の検索

「テーマ」について調べるには、まず「テーマ」に関連する図書や雑誌をつきとめるというのが最もオーソドックスな手順とみてよいでしょう。現在出版されている図書や雑誌の検索は、出版社、書店、書籍の流通センターなどのホームページで簡単にできます。でも、まずは図書館の蔵書から検索するほうが、それも身近な図書館で検索するほうが時間的にも負担の面からも効率的です。現在ではほとんどの図書館が蔵書目録をデジタル・データベース化し、インターネット上からも図書や雑誌の検索ができるようになっていますので、検索は非常に簡単で便利です。この検索システムがOPAC（Online Public Access Catalog：オンライン総合目録）と呼ばれるものです。つまり検索の第一歩は、情報端末（パソコン・タブレット・スマートフォン etc.）に向かうことから始まるわけです。

4.1.1　身近な図書館で

最初に、大学図書館や公共図書館のホームページにある資料検索システムOPACで、「テーマ」に関連する図書や雑誌を検索してみましょう。検索画面を表示すると、タイトル、著者名、キーワード（トピック）、出版社、出版年、ISBN（ISSN）などの検索項目の入力欄があります。図書の書名や著者名、雑誌名などわかっているものがあれば、検索項目の欄にそれらを入力すると蔵書一覧に表示されます。ISBN（= International Standard Book Number：国際標準図書番号）は図書の出版国、出版社、書名を13桁の数字で表したもので、書籍一つ一つに付けられた番号です。日本では1981年から使用され、2007年1月より、それまでの10桁から13桁に拡張されました。ISSN（= International Standard Serial Number：国際標準逐次刊行物番号）は8桁の数字で、雑誌一つ一つに付けられた一連番号です。日本では1976年に、ISSNの前身にあたるISDSのデータが国際登録センターに送付されたのが始まりといわれていますが、逐次刊行物の流通には実際は「雑誌コード」（2004年以降は18桁の定期刊行物コード）が主に使用されているということがあり、ISSNの普及は限られていると見られます。もちろん、OPAC検索では、ISBNやISSNがわかっていれば、他の項目は何も入力しなくても所蔵されているかどうかを調べることができます。

他方、手もとには「テーマ」（あるいはキーワード）があるだけで、文献名やどんな人がどんな

本を書いているのかがわからないという場合もあります。あるいはむしろこのようなケースの方が多いかも知れません。その場合は、タイトルとかワード、検索語、キーワード（トピック）などの名目で設定されている項目にその「テーマ」（あるいはキーワード）を入力することになります。「テーマ」（あるいはキーワード）に関連する文献があれば、その一覧が表示されます。もし蔵書一覧に表示された文献数（データ）が非常に多く、必要なものがすぐにわからないとき、あるいは逆に数冊しか表示されず「テーマ」に結びつく文献が見つからないときには、いわゆる論理検索を行い、効率よく適確な目標に接近する工夫が必要になります。

　論理検索には、「AND 検索」、「OR 検索」、「NOT 検索」があります。これらは、図書館の検索システムだけではなく、インターネット上の情報を検索する多くの検索ツールに共通します。「AND 検索」は、検索結果のデータ件数が非常に多い場合に、データ件数を絞り込む目的で使用されます。AND の前後に入力された 2 つのキーワードの両方を含む文献が検索されるため、一覧で表示されるデータ件数は減少します。多くの検索ツールでは、複数のキーワードの間に空白（スペース）を入力することで、「AND 検索」が実行できるようになっています。「OR 検索」は、データ件数が少ない場合に、検索領域を拡大するために使用します。OR の前後に入力された 2 つのキーワードのいずれかを含む文献が検索されるため、一覧で表示されるデータ件数は増加します。「NOT 検索」は、入力されたキーワードを含む文献を除いた検索結果が得られます。ほとんどの検索ツールでは、「OR 検索」や「NOT 検索」は「詳細検索」とか「検索オプション」などを選択すると利用できるようになっています。

4.1.2　他の図書館の利用

　在学している大学図書館や普段利用している公共図書館の OPAC 検索だけで、いつも満足できる結果が得られるとはかぎりません。調べたい「テーマ」に関連する文献が蔵書されているとはかぎらないからです。その場合には、他の図書館にあたることが必要になりますが、各大学図書館の OPAC には「他大学所蔵検索」とか「横断検索」というような検索システムが用意されていますので、利用している図書館に近い大学図書館の所蔵について知ることができます。近辺に限らないのであれば、全国の大学、国立・公立や研究所などの図書館が所蔵する図書・雑誌の検索ができる国立情報学研究所の「CiNii Books」が役に立ちます。入力欄にタイトル等を入れると、検索結果としてそのタイトルを含む図書・雑誌名の一覧が表示されます。そのなかで、関連のありそうな図書・雑誌名を選択すれば、それを所蔵している図書館の一覧が出てくるようになっています。その結果、該当する図書や雑誌を直接取り寄せたい時には、定められた手続きさえ踏めば借り出しやコピーサービスなどを受けることができます。各図書館により利用条件が異なりますので、利用を申し込む際には図書館のホームページで利用条件を確認するか、利用している大学の図書館や公共図書館のレファレンスコーナーなどに尋ねてください。ちなみに公益社団法人・日本図書館協会のホームページの「図書館リンク集」にも、大学図書館、国立・公立・私立図書

館のすべてがリンクされています。

また、全国6,000以上の図書館について、リアルタイムの貸出状況が簡単に検索できるサービスの「カーリル」というのも知っておくと便利です。

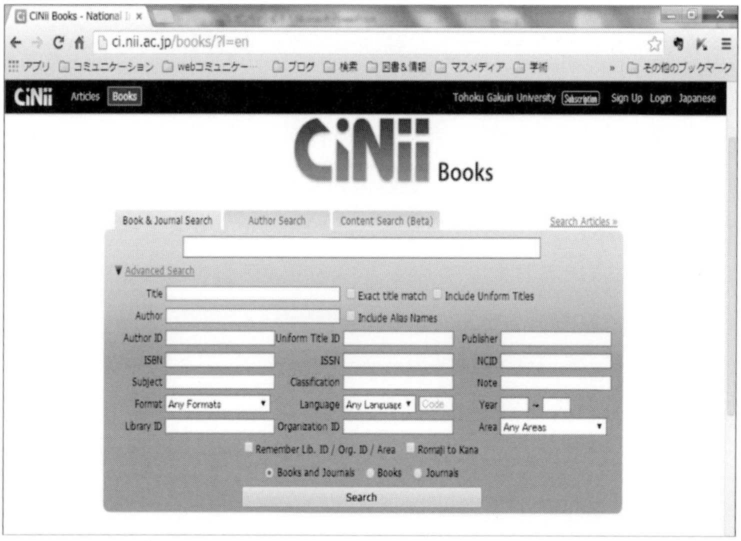

図 4.1　CiNii Books

日本で最多の文献を所蔵しているのが国立国会図書館です。2012年3月末現在、図書990万冊（和書と洋書の計）、雑誌・新聞1,500万点、地図54万点、マイクロ資料890万点、その他、博士論文等合計3,800万点など、あらゆる資料があり、NDL-OPACによって検索することができます。国会会議録の検索も可能です。ただし、借り出しやコピーサービスは、一般の利用者には認められていませんので、利用する大学図書館や公共図書館を経由して利用するようになっています。

世界の文献が検索できるサイトとしては、約3,100万冊という世界一の蔵書を誇る米国議会図書館（The Library of Congress）をはじめ中国国家図書館（The National Library of China）やドイツ国立図書館（The German National Library）、大英図書館（The British Library）などがあり、インターネット上の検索システムにより文献の検索ができるようになっています。日本語による検索はできませんが、いずれも英語での検索は可能です。

ところで「テーマ」に関連する文献を調べるという場合、適切な書籍を見つけだすことに加え、参考となるような論文をさぐりあてることも必要となります。その際、日本の論文を探すために非常に便利なのが「CiNii Articles」や「国立国会図書館サーチ」（NDL Search）です。学術雑誌・雑誌はもちろん研究紀要（＝大学や研究所などから刊行されてい論文集）に収載された論文などを突き止めることができます。外国語論文であれば"JSTOR"や"Google Scholar"を利用するという方法があります。

さらに最近では各大学や研究機関のリポジトリ（Repository＝論文を体系的に収録するシステム）が普及していますので、これを活用するのも1つの方法です。ちなみにJAIRO（Japanese Institutional Repositories Online）では、日本の学術機関リポジトリに蓄積された学術情報（学術雑誌論文、学位論文、研究紀要、研究報告書等）を横断的に検索できます。また、ほとんどの大学図書館のホームページには利用可能な「電子ブック」や「電子ジャーナル」も検索できるようになっています。これらも大いに活用してみましょう。

4.2　新聞記事の検索

　「テーマ」によっては、図書や雑誌より新聞記事を検索して調べたほうが、必要な情報が得られる場合があります。例えば、ある時期に株価が突然大きく変動した時に、その理由を調べるとすれば長期的・構造的な要因というよりも、その直接的・現実的な原因を突き止める方がよい場合があります。その際には、図書や雑誌よりも変動したその日付近の新聞記事を検索することが断然役に立つと考えられます。また、ある大きな事件が生じたときに、それぞれの新聞社がどう報道したかというように、新聞の取り上げた内容そのものが「テーマ」となる場合は、事件発生後の各新聞記事の時系列的な検索が必要となります。

　現在では、全国紙も地方紙も、インターネット上にホームページを開設しています。ホームページでは、最新の記事から過去の記事まで、写真も含めてデジタルで提供され、キーワードによるサイト内の検索ができるようになっています。「過去記事検索」とか「サイト内検索」という呼び方をしているのがそれです。ただし、過去のどのくらいの記事までさかのぼれるのかは、新聞社によって異なります。多くは一定期間に限り無料で、それ以上さかのぼるとすれば有料となっています。今のところ、記事が無料で検索できる期間は、速報ニュースが1週間分、その他はおおむね1年の記事を提供している読売新聞が最長のようです。ただし、この場合でもあくまでWeb上に掲載されたニュースが対象で、実際に印刷された新聞記事がすべて検索できるわけではありません。一般的には、過去3か月間の記事から検索可能というのが最も多く、それ以上さかのぼる場合は有料となるケースが多いようです。

　すなわち、より長期にわたる新聞記事を対象として検索するためには、各新聞社が提供している有料の新聞記事データベースを利用することになります。個人でも契約できますが、契約料はかなり高額ですから、大学生であれば所属している大学図書館の情報端末や図書館のホームページからアクセスするのがよいでしょう。公共図書館でも新聞記事情報の検索ができるようになっていますし、オンラインでの検索のほかにCD-ROMによる記事検索ができるところもあります。それぞれの新聞社から提供されているデータベースでは、過去20年から40年くらいの期間の記事がキーワードで検索することが可能となっています。記事の切抜きのイメージで図表も含めたものが入手できますので、このようなサービスが利用可能ならば大いに活用して見てください。新聞記事の検索は、少し前までは縮刷版であってもその目的は現物の記事（活字媒体）の入手だっ

たのが、いまではデジタル・データを閲覧することに変わったと言って良いでしょう。

これに対して、先に取り上げた図書検索や論文検索は、OPAC や CiNii Articles 等というオンラインのデータベースを利用するという点では情報ネットワーク時代の環境が前提になっていますが、その目的はあくまでも「テーマ」にふさわしい図書・雑誌や論文という印刷物（活字メディア）を探し出すことにあります。現在では、例えば「グーグル・ブックス（Google Books）」のように書籍の全文検索ができて、検索結果として表示された文章の一部が無料で閲覧できるようなサービスがすでにあり、著作権の保護期間が過ぎた書籍については、全文が公開されています。もちろん、この場合にはデジタル・データとして読むことになります。今後は、このような印刷体ではなくデジタル・データの入手を目的とする図書検索が多くなるものと考えられます。

4.3　検索エンジン（Web検索ツール）

そこで、デジタル・データそのものを検索・収集するということも見ておくことにします。デジタル・ネットワークの普及・拡大とともに、「テーマ」について調べる場合、インターネット情報そのものを活用することがきわめて有効な手段となっているからです。インターネットを活用するということは、目的に副った的確な Web 情報にたどり着くことを意味します。その際に、膨大な情報の大海であるインターネットから、知りたいこと、調べたいことを探し出すために威力を発揮するのが、『検索エンジン』あるいは『サーチエンジン』と呼ばれるインターネットの Web 上にある「検索ツール」です。『検索エンジン』は、キーワードを入れると、それに関連する情報が掲載されているサイト（ホームページ）を示してくれます。

『検索エンジン』の代表的なものとして、Google、Yahoo!があります。ただし Google にしても Yahoo!にしても、かつてと違って現在は検索の機能だけを提供しているわけではなく、むしろニュース、アプリケーション、ソーシャルメディアなどさまざまなサービスを提供しています。しかし、ここでは検索エンジンに絞って取り上げることにします。

『検索エンジン』を利用して情報を収集する場合には、調べたいことにたどり着けるようなキーワードを入力します。『検索エンジン』はこのキーワードが含まれている Web ページをすべて抽出するため、一般的には表示される検索結果が非常に膨大になります。当然、この中から本当に役に立つ、こちらが求めている情報を見つけ出すのは、とても大変な作業になってしまいます。そのため、『検索エンジン』を使って的確な情報に到達するためには、図書検索でも述べましたが、複数のキーワードを入力して、AND 検索や OR 検索などを行なう論理検索を試みる必要があります。これが、絞り込み検索です。適切なキーワードを選んで、効率よく絞込みを行うことが求められます。キーワードの選び方は、次節の「テーマを調べる」で具体的に説明しますので、それを参考にしてください。なお、Google の検索技術の設計思想が、ページランクと名付けられたアルゴリズムです。これは特定のサイトに接続されるリンクの数とそのリンクをはっているサイトへのリンク数を掌握するしくみを指しています。そのポイントは、ウェブ上のリンクを分析す

ることによって、ユーザーが最も多く頻繁に訪れるサイトを割り出し、それを検索結果の上位に表示させるという方式をとっている点にあります。このランク付け（表示の順位）はコンテンツとは関係なく計算されるというのが特徴といわれています。検索する際にこのようなサーチエンジンの設計思想を知っておくことも参考になるでしょう。

4.4　テーマを調べる

　情報を収集するという観点からいくつかの主要な方法について説明してきました。そこで図書、雑誌、新聞、検索 Web サイトのすべてを活用して、「テーマ」について情報を集めてみましょう。この章の最初に例として取り上げた「自然環境破壊」という「テーマ」について調べてみることにします。

　最初は図書を検索して、「自然環境破壊」に対する基礎的な情報を集めて見ましょう。まず図書館の資料検索システム OPAC の検索欄に「自然環境破壊」と入力します。するとどの図書館（のOPAC）でも該当する書籍はせいぜい数冊しか表示されません。「自然環境破壊」を書名とする、あるいはキーワードとする図書は意外にもほとんど刊行されていないのです。これはどういうことだと判断すればよいでしょうか？　考えられるのは、「自然環境破壊」という用語が実は学術的・専門的視点から与えられたものではなく、わたしたちが日常的に用いる語句、せいぜいマスメディアで使用される語彙に過ぎないのではないかということです。そこで、常識的に考えた「テーマ」としては問題がなさそうな「自然環境破壊」という用語・カテゴリーをいわばブレークダウンする必要が出てきます。すなわち「自然環境破壊」について具体的には何を焦点として取り上げるのか、ということです。章の初めのところで、生活用水が危険にさらされるような「河川・湖沼の汚染」なのか、あるいは「地球温暖化」と関連する問題として取り組むのか、の次元の違いをはっきりさせることが必要といったことにも関連します。

　ここでは「自然環境破壊」を「地球温暖化」問題として取り上げることにします。あらためて OPAC で「地球温暖化」を検索して見ましょう。結果としては、数百冊にのぼる図書が一覧で表示されます。大学院生の修士論文であればもちろん、学部生の卒業論文でも場合によっては、数百冊すべてについてチェックしてみることが必要でしょうが、ここでは例えば提出までの期間が 1ヶ月前後の課題ということを想定します。つまり数百冊を現実的な数に絞り込むことを試みることにします。そのための方法が先にも説明した AND 検索です。自分の問題意識に基づいて、例えば「地球温暖化」と「エネルギー」あるいは「地球温暖化」と「二酸化炭素」の形で AND 検索をして見るわけです。その結果、概ね 10 冊から 20 数冊程度に絞られることがわかると思います。書名（タイトル）を見て、調べたい情報が得られそうな図書の見当をつけます。もちろん、書名だけでは、あるいは通常の OPAC 検索の結果表示（詳細表示）だけでは、その本の具体的な内容まではわかりません。そのような時には、当該図書の出版社や書店の Web ページを活用するのが 1 つの方法といえます。書店の Web ページというのは、例えば「ホンヤクラブ」とか「アマゾ

ン」、「紀伊國屋書店」などのオンライン書店を指します。こうしたサイトにアクセスし、図書館のOPAC検索で絞り込んだ図書をそれぞれ表示させて、目次やレヴューなど「内容情報」を参考にすると、まず実際に手にとって見るべき図書の見定めが可能となります。

　ところで、「自然環境破壊」としての「地球温暖化」の実態がどのようになっているのかや、世界の取り組み、各国の対策についての最新情報を取得する際は、書籍を探し出すよりも新聞記事検索のほうが適しているかもしれません。大学の図書館のホームページにある新聞記事検索や公共図書館にある端末から新聞社のデータベースにログインし、キーワードに「地球温暖化」と入れると、過去1年間に限定してもかなりの数の記事が検索結果として表示されます。経済紙の日本経済新聞では約1千件、全国紙（朝日、毎日、読売）では約5百件、地方紙では概ね約2百件の記事があることがわかります。周知のように1997年に、2008年から2012年の間に温暖化ガス削減を図るとしていわゆる京都議定書が採択されましたが、2013年以降は第2約束期間に入っています。日本はこの第2約束期間に参加していませんが、そうした状況におけるさまざまな動きが記事に表れています。CO_2削減をねらいとして2012年10月に導入された「環境税（地球温暖化対策税）」についても、その段階的引き上げなどを取り上げた記事があります。そしていわばポスト京都議定書をめざし2015年の合意を探る新しい枠組みが模索されつつあることなどがわかります。

　温暖化は地球全体に及ぶ問題であり、すべての国の人々に影響が出る可能性がある重大な問題です。しかし、その理解は共通でも、対応や認識は国によって違い、足並みがそろわないのが現状です。どのような問題がその背景にあるのか、先進諸国と開発途上国・新興諸国のスタンスの違いをどうとらえるのか。米国は京都議定書から離脱したものの、二期目オバマは温暖化対策を再び重点課題に格上げしましたが、その背景として何があるのか。事実を伝える報道から見えてくることはたくさんあると思います。ぜひ、いくつかの複数の新聞社の記事を検索して、原因、対策、問題点などをまとめてみてください。ただ、これらの記事はすべて新聞社や情報提供者の著作権で保護されています。利用する際には、引用箇所を必ず括弧でくくり、記事が掲載されている新聞社名、日付がわかるようにして違法行為にならないように注意しましょう。

　次は、Web検索ツールすなわち『検索エンジン』を使ってみることにします。先に述べた「キーワード検索」を試みてみます。「地球温暖化」をキーワードとして検索すると、Googleでは該当するWebページは約100万を超える件数が結果表示されます。もちろん大量の検索結果が得られても、検索者が求めている情報として適切なWebページが表示されるわけではありません。最上位に表示されるサイトといえども最適なものとは限りません。例えばGoogleの場合には、先に述べたようにユーザーが最も多く訪れるサイトを算出し、それを検索結果の上位に表示させるという方式を採用していることからも推測されるでしょう。そこで検索結果が多数表示された場合には、絞込み検索を行なうのが賢明です。絞込み検索には、最初に入れたワードに加えて、別のキーワードが必要です。もちろん追加のキーワードにどのような語彙を用いるかで検索結果が異なってきます。キーワードの選び方次第で、必要な情報が効率よく得られたり得られなかったり

4.4 テーマを調べる

するわけです。

　例をあげて説明していきましょう。「地球温暖化」の実態が把握され、個別具体的事例についての原因とすでに実施されている対策がある程度整理できたならば、そこから自分なりの新しい視点をもちながら対応策についても考えを打ちだしていかなければなりません。「地球温暖化」対策として環境税が導入され、例えばガソリンに課税して使用量の削減をはかり同時に税収に基づく環境対策を行ないつつあります。しかしその結果、ガソリンを使用する物流などの企業がその負担をそのまま消費者に転嫁するようなことが生じていることも否定できません。結局消費者が負担を強いられている状況が生じているともいえます。したがって消費者に不公平感を与え、購買意欲を低下させるような対策ではなく、「環境と経済の両立」が図れるアイデアが望まれるといえるでしょう。

　そこで、そのヒントを得るためにあらためて『検索エンジン』を使ってみます。キーワードにはどのような語彙を選べばよいでしょうか。地球温暖化への対策という意味で一般にもなじみのあるものとして、例えば「エコカー減税」があります。そこで「地球温暖化」に「エコカー減税」というキーワードを付け加えて絞込み検索をすると、該当するWebページは約9万件ほどになります。「地球温暖化」だけをキーワードに入力した場合より10分の1になりました。とはいいながら約9万件という数では、有効な絞込みとは言えません。これはこの2つのキーワードが同じWebページに記載されている確率が非常に高いため、有効な絞込みにはなっていないことを示唆しています。ということは、効率よく目的のWebページにたどりつくためには、目指す情報に含まれると予想される語彙のうち関連性の低いものを選んでキーワードとして設定すればよいということになります。アイデアを生み出すヒントとしては、「地球温暖化」について「エコカー減税」とともにどのような議論がなされているのか、それを思いめぐらしてみると良いかもしれません。思い浮かぶのは例えば導入されて十数年経過した「森林環境税」あたりでしょうか。そこで、このキーワードをさらに入れてみます。その結果、さらに考えさせられる政府の取り組み、企業の対応など、さまざまな事象があることがわかります。もともと「自然環境破壊」について調べることから出発したわけですが、それを「地球温暖化」という具体的事例として取り上げるプロセスをトレースしてみました。人間社会の発展とのかかわりで自然環境破壊がいつから、どのようなことが原因となって生じたのか、その現代特有の問題とは何か、などにきちんと取り組んでみることが非常に大切なことです。その際、最初にあげた生活用水が危険にさらされるような「河川・湖沼の汚染」についてがむしろ実感をもって調べるテーマとなるのかもしれません。

　以上、テーマを大きく「自然環境破壊」と設定した上で、その考察のために必要でしかもより適切な情報にたどりつくためにはどのようにすればよいのかを見てきました。いずれもインターネットに接続している情報端末から、OPAC検索をかけていくつかの参考図書を探り出す、新聞記事検索を試みてテーマの時代性・現実性を知る、Web検索（検索エンジン）によってテーマ／問題をいわばハイパーリンクにおいてとらえる、というのが作業の一連の流れでした。

　そこで補足の形となりますが、テーマの考察に際して必ず必要となる経済指標・統計データに

ついてもふれておくことにします。「自然環境破壊」というテーマに取り組むとすれば、例えば鉱工業の生産動向などを追究してみるという点でいえば、経済産業省から発表されている「工業統計調査」などをチェックすることも不可欠となります（経済産業省のHPから「統計」にアクセスして閲覧します）。また、同省からはHP上にも公開される『通商白書』が毎年刊行されていますが、そのなかには例えば環境優良企業の株価の推移などを取り上げている号もあります。すなわち検索エンジン経由ではなく、主要な経済データが掲載されているサイトを憶えておいて、それに直接あたるやり方もできるようになると非常に便利なのです。公式の経済指標・統計データを入手できるサイトとしては、経済産業省のほかに、総務省統計局や内閣府統計情報・調査結果、日本銀行・統計などがあります。

　ここまで「調べる」ことについて説明してきました。どのようなキーワードを設定すれば、「適切」「的確」な情報に効率よくたどりつくことができるかは、ちょっとしたコツにあることだけは理解していただけたのではないでしょうか。

　みなさんもテーマを設定して、情報を収集してみてください。テーマは、身の回りで起きた出来事の疑問を解くということで設定してもよいでしょうし、新聞やニュースで報じられた内容をもっと詳しく調べるということでもかまいません。

課題

1. Googleのランク付け（表示の順位）が、コンテンツとは関係なく演算されているといわれていますが、これをどう考えますか？
2. いくつかの検索エンジンを使ってみて、その差異を知りましょう。その上で各検索エンジンの設計思想について調べて見ましょう。
3. 地球温暖化というのは「偽りである」という説があります。これを調べて見ましょう。

第5章

情報を発信する―レポートとホームページ

　情報リテラシーは、情報の伝達や発信の力も含めてとらえる必要があります。画期的なアイデアも、ほかの人たち、つまり第三者に伝えなければ何の効果も期待できません。また、アイデアを実現させるためには、多くの人たちの理解と評価が得られなければならないでしょう。共感してくれる人をどれだけ集められるか、それらの人たちの力をどれだけ集約することができるか、これがアイデア実現のカギになります。情報発信（伝達）の力は、成しとげた成果についての評価を大きく左右する非常に重要な要素となっています。

　情報発信（伝達）には、大きく分けて2つの方法があります。グローバルな情報発信と、ローカルな情報発信です。グローバルな情報発信とは、インターネットを活用して情報を発信することを意味しています。第3章の「Web上のコミュニケーション」で見てきたように、このような情報発信の有用性には計り知れないものがあります。この章でホームページの作成も行いますので、インターネットを活用してみなさんの考えを大いに発信してください。

　これに対し、ローカルな情報発信とは、情報を受け取る人たちの顔が見えるところで情報を発信するという意味です。具体的には、レポートにまとめてプレゼンテーションをする、その相手が目の前にいる、そういう前提です。もちろん、レポートもプレゼンテーションの資料もホームページに掲載すればローカルな情報発信ではなくなります。レポートが完成した際にはグローバルな情報発信も行いますが、先ずは聞き手の顔を見ながら、反応を確かめながら情報を発信していくことにします。ただし、ここではレポートの作成だけを取り上げます。プレゼンテーションは実際に発表して体験することが重要ですので、第9章の「みんなで研究発表」のところで別途詳細に説明します。

　では、レポートを作成してローカルな情報発信をしてみましょう。せっかくの情報発信ですから、多くの人たちの理解と評価が得られるようなよいレポートにしたいものです。でも、評価に値するよいレポートを書くにはどうすればよいのでしょうか。ここで重要なのが「考える力」です。

　レポートは感想文や作文とは全く違うものです。自分の感じたことや、思ったことを書くので

はなく、データや文献によって裏付けられた事実に基づいて一つの結論を主張する、これがレポートです。例えば、新聞記事を読んで「大変な問題だと思いました。もっとみんなで対策を考えなくてはならないです」、これでは感想文でしかなく（感想文としても少々問題ですが）レポートとしての評価はできません。対策を考えなくてはならないと思ったのなら、現在どのような対策がなされているのかを調べてみる、その対策でもまだ問題があるのかどうか検討する、問題があればその問題にどう対処すればよいのかを考える、というように問題を掘り下げていきます。そのような情報をいろいろ収集して「考える」、これを繰り返してある結論が得られたとき、レポートに書く内容が決まるのです。したがって、「考える力」がなければ、よいレポートにはならないのです。

「考える力」を身につけるためには、日ごろからいろいろなことに疑問をもつことが大事です。例えば、新聞記事を読んで「なぜ、そういうことが言えるの？」とか、「なぜ、これが問題になるの？」という問題点を見つけるというようなことです。この「なぜ？」という疑問をきっかけにして、問題点に関する本を読んだり、他の新聞記事の内容と比較したり、インターネットで情報を収集したりしていきます。まさに、第4章の「情報を収集する」が生きてくるわけです。それらの情報から、問題の背景や現状、さらにほかの人がこの問題をどう考えているのかなどを調べ、それをもとに自分の考え、主張したいことをまとめていきます。「考える力」がここで養成されていくのです。

ここまでくれば、レポートはこれを文章にするだけです。でも、レポートを完成させるには、もうひと手間かけてください。レポートで主張したいことをまとめることで、考えていたことの整理ができます。それによって、新たな問題点が見えてくることもあります。書くことによって、考えたことの筋道（論旨）がきちんと一つの流れになっているかどうかの検証ができるわけです。この検証が終って初めてレポートが完成します。

では、レポートをどのようにして作成すればよいのか、この点をもっと詳しく説明していきます。これらを参考にして、新聞の社説や、身近なところにある問題、疑問などからそれぞれのテーマを設定し、自分の考えをレポートにまとめみてください。

5.1 レポートの作成

レポートは実際に書いている時間より、何を書くかを考える時間のほうが多くかかります。また、そうでなければ、よいレポートは作成できません。提出締め切りの前夜になってあたふたしても、もう既に時は遅しです。そうならないためにも、できるだけ早く「何を書くか」について考えるようにしましょう。

5.1　レポートの作成

5.1.1　レポートを書くための準備

　レポートにはテーマが与えられている場合と、テーマは自由という場合があります。講義で課されるレポートはたいてい前者ですが、これらには基本的にあまり大きな違いはありません。何を問題とするのかを考えるのはいずれも同じで、その範囲が狭いか広いかの差だけです。ここでは、テーマは自由としてはじめてみます。

（1）テーマを決める

　テーマが自由といってもただ漫然と思いつくままに考えていたのでは、よいテーマはなかなか見つかりません。「新聞の社説や、身近なところにある問題、疑問など」と先ほど書きましたが、新聞を読んだり、興味のある分野の本を読んだり、講義を聴いたときに何か気になること、これらがテーマにつながっていきます。したがって、何か気になるものが見つかるような読み方、聴き方をしなくては、何冊本を読んでも、朝から晩まで講義を聴いても何も見つかりません。気になるものを見つけるコツは、話の内容をなるほどと納得しながら読むのではなく、これは本当だろうか、ちょっとおかしくないかなと批判的に読むことです。講義も、こういう場合はどうなるのだろうかとか、こういう解釈だってできるのではないかという、違った視点からもとらえながら聴くことです。

　ここでは、ふと見た新聞に小学校の英語学習についての記事があった、このような前提で始めます。

　2013年5月18日、新聞各紙に「小学英語『正式教科に』」、「小学英語開始学年下げ」というようなタイトルの記事が一斉に掲載されました。教育再生実行会議が小学校での英語の教科化と開始学年引下げを提言することが明らかになった、という内容です。現在は、5、6年生に週1回の「外国語活動」が必修化されていますが、正式な教科ではありません。テストによる評価もされていません。それを「グローバル人材」育成のためとして、3年生から導入し、5年生以上では国語や理科と同じように教科にしようとするものです。小学校から英語？なぜ小学校から？日本語もままならないのになぜ？…疑問はたくさん湧いてきます。そこで、テーマは「小学校の英語学習」とすることにします。

（2）情報を集める前に−メモの作成と引用のルール

　小学英語の教科化、これだけでは「なぜ？」という疑問は湧いてきますが、何が問題なのかまではわかりません。そこで、テーマの周辺を掘り下げてみることにします。

　テーマは「小学校の英語学習」です。その問題点を探るには、さまざまな情報が必要です。たとえば、小学校の英語学習はどのような経緯で導入されてきたのか、現在小学校ではどのような英語学習が行われているのか、どのような問題点がすでに指摘されているのかなどです。

これらに関する情報を収集することから始めたいのですが、その前に「メモの作成」と「引用のルール」について説明します。ただ情報を収集するのではなく、何をレポートで主張するのかが明確になるように、また収集した情報をレポートの材料として使えるようにするための大事な作業です。

まずは「メモの作成」です。図書や論文をただ読むだけでは、いざレポートを書こうとしても、何を書いてよいのかわからないということになりかねません。読んでいるときは、「なるほど、これは問題だ」と思うのですが、何冊か読んでいるうちに何が問題だったのかさえも定かではなくなってきます。

これを避けるために実行してほしいのが「メモの作成」です。読んでいる最中に、ここは参考になりそうと思う箇所をメモに書き写しておくのです。図書や論文の著者が、設定したテーマについてどう考えているのか、何を問題として取り上げているのかなど、気になるところをどんどん書き写していきます。それらを眺めて、彼らの指摘に残された問題がないか、こういう視点からも検討する必要があるのではないかなど、自分の考えを醸成していくのです。メモをどのように作成するか、これがレポートの良し悪しを決めるカギを握っています。労力を惜しまず、こつこつと関連する情報を記載していってください。

さらに、このメモには、もう一つの大事な役目があります。メモに書き写した情報は、レポートを書くための参考にするだけではなく、レポートにそのままその文章を使用することもできます。これが「引用」です。

ただし、本に書いてあることはその著者が述べていることであり、それを自分の考えとして勝手にレポートに書くことはできません。これはネット上の文章も同様です。他人の著作を自分の文章のようにレポートに記載すること（これを剽窃と言います）は、不正行為であり処罰の対象となります。また、本やホームページの情報には著作権が設定されています。このような著作物を、何の断りもなくレポートに書くことは、第1章の「情報倫理」で述べたように著作権の侵害にあたります。このような行為は、懲役や罰金が定められている犯罪です。剽窃や盗用、コピペ、著作権の侵害などは、絶対に行ってはなりません。

でも、ほかの人の文章を一切使用せずにレポートを書くというのは不可能です。小説なら可能かもしれませんが、自分の考えを述べるためには、すでにほかの人が指摘していることも記載して論じなければ、議論の展開は難しいでしょう。

そのようなときに使用するのが引用です。引用にはルールがあり、それを守って書けば違法行為にはなりません。大事なことは、他人の文章と自分の文章をはっきりと分けて書くことです。

例をあげて説明しましょう。ある本に、英語教育に対する次のような意見が記載されていました。

5.1 レポートの作成

> 日常会話でいいからとにかくしゃべりたい、という大衆の要望に応えるために、実用コミュニケーション中心の英語教育が推奨されるようになりました。この教育理念においては、文法などあまり気にせず、積極的にコミュニケーションを図ることがよしとされます。そして、その理念に則った学習を行うと、たしかにある程度の達成感を得ることはできますが、土台となる文法・読解能力が不安定なために、その先高度な学習を積み上げることが難しくなります。

これをもとにして、レポートに下記のように書いた場合、著作権の侵害にあたります。

> 日本の英語教育に対し、何年も英語を勉強しているのに日常会話すらまともにできないという不満を抱いている人が多い。これに応えるために、実用に即した英会話が英語教育に取り入れられるようになった。しかし、土台となる文法・読解能力が不安定なために、その先高度な学習を積み上げることが難しくなっている。

これでは、「高度な学習を積み上げることが難しくなっている」と指摘しているのはレポートを書いている人のようです。でも、これを指摘したのは、上記の本の著者です。それを、自分が考えたことのように書いたのでは違法行為になります。では、どうすればよいのでしょうか。それが引用です。引用は他人の文章であることを明記するために「　」で囲みます。注意しなければならないのは、「　」内の文章は本に書かれている文章と一言一句違わないことです。

> 日本の英語教育に対し、何年も英語を勉強しているのに日常会話すらまともにできないという不満を抱いている人が多い。これに応えるために、実用に即した英会話が英語教育に取り入れられるようになった。しかし、実用を重視することで、「土台となる文法・読解能力が不安定なために、その先高度な学習を積み上げることが難しく」（注1）なっているという指摘がなされている。
> 注
> 　　1. 斎藤兆史, 2005, p.22
>
> 文献
>
> 　　斎藤兆史（2005）「小学校英語必修化の議論にひそむ落とし穴」，大津由紀雄編著『小学校での英語教育は必要ない！』，慶應義塾大学出版会

注については5.1.2の「(6) 注と文献」で詳しく説明しますが、（注1）は「　」で囲んだ文章がどの文献に記載されているのかを明記するためのものです。これがあることで他人の文章であることが明確になり、さらに出典を示すことで著作権の問題がなくなるのです。

本に書かれている文章やネット上の文章をレポートに使いたい場合は、このように一言一句違

わないように記載して「　」で囲むこと、さらにこの文章が記載されている図書やホームページの情報を注、文献としてレポートに記載することが「引用のルール」です。

　注、文献に記載する内容は、図書の場合、図書のタイトル、著者名、発行所、発行年です。さらに、引用する文章がこの本の何ページに記載されているかも書かなければなりません。ホームページの情報なら、そのページのURL、ページのタイトル、サイトの運営主体です。これらはレポートを書き始めてから、「この情報はどこに書いてあったかな」などと振り返っても見つけることはまず不可能です。レポートの参考になりそうな情報をメモに書き写した時点で、引用に必要なこれらの情報をきちんと記録しておくこと、これを必ず守ってください。

　では、「小学校の英語学習」をテーマにして情報収集を始めましょう。引用のルールに従って、メモを作成してください。

(3) 情報を集め現状を分析する

　まずは、小学校の英語学習はどのような経緯で導入されてきたのか、現在小学校ではどのような英語学習が行われているのか、どのような問題点がすでに指摘されているのか…これらについて検討してみましょう。最初に試みてほしいのが図書の検索です。小学校に英語が導入されたのはかなり以前の話です。とすれば、すでに多くの書物でその経緯や問題点が指摘されているはずです。第4章の「情報を収集する」で見てきたように、在学している大学図書館のOPACでの検索から始めてみます。「小学校」、「英語」をキーワードにして検索すると、たくさんの図書がヒットします。そのなかから、導入の経緯や問題点が書かれていそうな図書を選択し、まずは読んでみましょう。ここでは、以下のような図書を選び、読むことにしました。

1. 樋口忠彦他編（2010）『小学校英語教育の展開：よりよい英語活動への提言』, 研究社

2. 大津由紀雄編著（2004）『小学校での英語教育は必要か』, 慶應義塾大学出版会

3. 大津由紀雄編著（2005）『小学校での英語教育は必要ない!』, 慶應義塾大学出版会

- 導入の経緯
　1の図書の第1章には、小学校英語学習導入の経緯が書かれています。また、2の図書の第1章にも経緯が簡単にまとめられています。しかし、これらをよく読むと、審議会の資料や文部科学省の指導要領などをもとに経緯の説明をしています。このような場合、1や2を読むだけではなく、必ずそのもとになった審議会の資料や指導要領などを文部科学省から収集し、これをレポートの資料として使用するようにしましょう。"資料を引用した資料"を引用する（これを「孫引き」といいます）のではなく、「元の資料にあたる」、これが原則です。このような資料はほとんどがホームページに掲載されていますが、もしホームページに

なければ図書館の資料にもあたってみてください。

　経緯に関する資料のメモの一部を掲載しておきますので、これを参考にしてみなさんもメモを作成してください。

●●●●●　メ　モ　●●●●●

1. 小学校への外国語学習導入が明記されたのは、1998 年の『小学校学習指導要領』

　「(5) 国際理解に関する学習の一環としての外国語会話等を行うときは、学校の実態等に応じ、児童が外国語に触れたり、外国の生活や文化などに慣れ親しんだりするなど小学校段階にふさわしい体験的な学習が行われるようにすること。」

　文部省（1998）『小学校学習指導要領』「第 1 章　総則」の「第 3　総合的な学習の時間の取扱い」

　（http://www.mext.go.jp/a_menu/shotou/cs/1320008.htm）

　この指導要領が施行された 2002 年度に、小学校での外国語会話、英語学習がスタート

2. 指導要領に外国語会話が導入された背景には、1987 年の臨時教育審議会の答申がある

　「(3) それとともに，我が国がいまだかつて経験したことのない国際的相互依存関係の深まりのなかで，国際社会の一員として生き続けていくためには，全人類的視野に立って様々な分野で貢献するとともに，国際社会において真に信頼される日本人を育成すること，すなわち，「世界の中の日本人」の育成を図ることが重要となる。

　そのためには，第一に，広い国際的視野の中で日本文化の個性を主張でき，かつ多様な異なる文化の優れた個性をも深く理解することのできる能力が不可欠である。第二に，日本人として，国を愛する心をもつとともに，狭い自国の利害のみで物事を判断するのではなく，広い国際的・人類的視野の中で人格形成を目指すという基本に立つ必要がある。なお，これに関連して，国旗・国歌のもつ意味を理解し尊重する心情と態度を養うことが重要であり，学校教育上適正な取扱いがなされるべきである。第三に，多様な異文化を深く理解し，充分に意思の疎通ができる国際的コミュニケーション能力の育成が不可欠である。」

　臨時教育審議会（1987）『教育改革に関する第四次答申』「第 1 章　教育改革の必要性」独立行政法人　国立青少年教育振興機構

　（http://nyc.niye.go.jp/youth/book2003/html/04/04_04_01.htm）

●●●●●●●●●●●●●●●

- 現状

　現在、小学校ではどのような英語学習が行われているのかについての情報を得るために、手始めに文部科学省のホームページをみてみましょう。「小学校　外国語教育」で文部科学

省のホームページを検索すると、多くの関連サイトがヒットします。そのなかの「小学校外国語活動サイト」をみると、教材や関連資料が豊富に提供されています。単元別学習指導案なども掲載されていますので、実際にどのような授業が小学校で行われているのかがわかります。また、1の図書の第3章にあるカリキュラム例なども参考になりそうです。

　現状を知るためには、カリキュラムだけではなく、どのような教員が指導しているのかも調べる必要があります。小学校では、国語も理科も同じ教員が指導していますので、ここにさらに英語が加わることになります。英語の教え方などこれまでまったく学んでこなかった教員、彼らへの研修がどの程度行われているのか、教員を補助するために派遣されているALTはどの程度確保されているのか、そのようなデータも必要です。これらも文部科学省のホームページに最新ではありませんが掲載されています。検索をしてみてください。

　現状についての情報のメモ（一部）を以下に掲載しておきます。

●●●●●　メモ　●●●●●

1. 「ブラック・ボックス・クイズ

　　ブラック・ボックス・クイズは，物が入ったブラック・ボックスに手を入れ，触った感触だけで，それが何かを当てるクイズである。本時では，四人1グループで本クイズを行った。触った感触だけでは答えることができないように，回答者に軍手をはめさせる。そうすることで，三人の児童にヒントを求めたり，ヒントを与えたりして，使用表現を発話する必然性をもたせる。実際に回答者が"What's this?"と尋ねたり，それに応じて箱の中の様子が見える三人が，その物の色や味，形等のヒントを発話したりしていた。」

　　文部科学省（2011）『言語活動の充実に関する指導事例集【小学校版】』「第3章　言語活動を充実させる指導と事例」「外国語活動」
　　http://www.mext.go.jp/component/a_menu/education/micro_detail/__icsFiles/afieldfile/2011/04/26/1300873_2_1.pdf

2. 「横須賀市では、2002（平成14）年度から小学校第1〜第6学年の全学級にALTを派遣するなど指導体制の充実を図りながら英語活動に取り組んできた。」p.60「2009（平21）年度からは、1〜4年については年間10時間、独自の教育活動の時間をもって実施している。」p.61

　　「横須賀市では、2002（平14）年度から市としてカリキュラムを作成する組織を教育委員会内に作り、(1)で示した6年間で育成を目指す児童の姿を追求するために、①多様な言語や文化を体験的に理解させること、②積極的にコミュニケーションを行うさいに必要な基本的な表現に慣れ親しませることを指導指針として、英語活動先進校の研究成果を取り入れながら、作成と見直しを繰り返してきた。本節で紹介する2009（平

21) 年度版「ハッピータイム」カリキュラムは改訂第 4 版となる。」p.61
具体的な年間指導計画表は、pp.64-69 に記載されている。
樋口忠彦他編（2010）『小学校英語教育の展開：よりよい英語活動への提言』，研究社

●●●●●●●●●●●●●●●

● 問題点

　OPACで検索した図書を読むと、小学校への英語学習導入については推進論と慎重論があることがわかります。早期導入にはどのような問題があるのでしょうか、また推進論と慎重論の人たちはそれらの問題をどのように考えているのでしょうか。これらをまとめてみると、いくつかの問題点がみえてきます。そのなかから今回のレポートで取り上げたい問題点を絞っていきます。ここでは「英語学習の開始時期の議論」と、「母語の言語教育が優先されるべきという議論」を取り上げてみることにします。

　問題点については、新聞記事も参考になります。小学校に英語学習が導入された時期や、必修化された時期の記事には、いろいろな角度からの指摘がなされています。新聞社によっても取り上げ方が異なっていますので、それらも比較して何が問題かを考えてみてください。

　問題点のメモ（一部）を掲載しておきます。

●●●●●　メモ　●●●●●

1. 英語学習の開始時期
　・推進論
「アメリカに十二年以上滞在し毎日英語を使用している日本人でも、/r/や/l/を正しく発音できるにも関わらず、それらの違いの聞き分けになると母語話者に及ばない」p.90
「日本人にとって英語を学習する際の冠詞や前置詞の難しさは大きいものです。冠詞の有無は、もちろん、数の概念と深く結びついていて、単数、複数の概念が文法化されていない日本語の母語話者にとっては、それらは非常に困難な要素となります。」p.91
「このように見てくると、第二言語習得の全般に関しては、「臨界期」と言われるものはないかもしれませんが、第二言語習得のある側面には少なくともそれに近いものが存在するのではないかということが十分に考えられます。したがって、このような側面の存在を認めるなら、母語話者に近い程度の習得を目指すなら、小学生の段階で少なくとも、それらの側面の学習を重点的にやっておくことが必要なのは明らかです。」pp.91-92

　　唐須教光（2004）「Who's afraid of teaching English to kids?」，大津由紀雄編著『小学校での英語教育は必要か』，慶應義塾大学出版会

・慎重論
「赤ちゃんは生後十か月くらいで自分の母語にとって重要な音素と重要でない音素を分類し、重要な音素のみ注意を向けて、重要でない音素へ自動的に注意を向けることをやめてしまいます。この現象は一種の「臨界期」と考えられます。つまり、「音素の聴き分け」ということに関しては一歳の誕生日以前に臨界期があるのです。」p.83
「早期に外国語の教育を始めると簡単に（ネイティヴにちかい）バイリンガルになれる、というのはちょっと短絡的です。というのは、ネイティヴのような当該の言語に最適化された情報処理システムを作り上げるのには、時期の問題だけでなく、インプットの質、量が非常に重要だからです。」p.89

今井むつみ（2005）「認知学習論から考える英語教育」、大津由紀雄編著『小学校での英語教育は必要ない！』、慶應義塾大学出版会

● ● ● ● ● ● ● ● ● ● ● ● ● ● ● ●

　何冊もの本を読んで情報を集めました。これだけの本を読み、テーマに関する情報を集めるのは大変なことです。そのため、みなさんは「これでレポートは完成した」と勘違いされる場合が多いようです。なぜなら、このメモをレポートとして提出される方がとても多いのです。引用の「　」の連続で、自分の文章がほとんど見当たらない──これはレポートではなくただのメモでしかありません。これをレポートに仕上げる作業が「(4) 論点を設定する」です。ここからがレポートだと思って取り組みましょう。

(4) 論点を設定する

　ここが一番大事なところであり、また非常に難しいところでもあります。作文や感想文では「論点を設定する」ということがほとんどないため、どのように考えればよいのかその糸口すらつかめないというのがみなさんの本音のようです。そこで、ちょっとしたコツを書いておきます。
　論点とは、この点について自分の考えを述べたいというような問題設定のことです。何を問題とするかを見出すために、先のメモをながめてみましょう。メモには、以下のような項目ごとに内容がまとめられています。

- 「グローバル化に対応した教育の充実」を掲げて小学校に英語学習が導入され必修化へと向かう経緯
- どのような授業が実際に行われているかなどの現状
- 英語学習の開始時期の議論と、母語の言語教育が優先されるべきという議論について、推進論と慎重論の主張

論点を設定するために、この推進論と慎重論の主張を詳しく見ていくことにします。
　英語学習の開始時期について、推進論の人たちは外国語の学習には「臨界期」が存在すること、調査結果から早期に開始したほうが高い効果が得られることを示し、小学校への導入を主張して

います。一方、慎重論の人たちは、開始時期の問題ではなく、どれだけ英語に触れたかの違いであるとし、インプットの質と量が非常に重要と主張しています。

また、母語の言語教育が優先されるべきという議論では、慎重論の人たちは、本来のコミュニケーション能力とは、単なるあいさつではなく自分の考えをいかにして相手に伝えるか、また相手の考えをどこまで理解できるかであり、このような能力は時間をかけて培われるもので、母語による基礎力がなければ外国語でも不可能だと論じています。これに対し、推進論は圧倒的な日本語の環境のなかで日本語が伸びないことはない、小学校英語教育が日本語の力を衰えさせるのではないかというのは杞憂だと断言しています。

このように議論を整理してみると、そもそも日本はどのような英語教育を目指すのかの議論がみえてきません。本来はビジョンを示し、それに向けて英語教育の開始時期の検討が行われるべきものではないでしょうか。また、「グローバル化に対応した教育」とありますが、これが早期導入にどうつながるのか、ここも議論されていません。さらに、グローバル化＝英語とは限りません。このような点がこのレポートの論点になりそうです。

さて、レポートを書く際に一番大事なのがオリジナリティです。集めた資料をつなぎ合わせてまとめただけではレポートになりません。また、それらの資料に書かれていることを、あたかも自分が考えたことのようにレポートに書いたのでは違法行為になります。資料を参考にして、この問題はこういう対策を講じれば改善できるのではないか、本当の問題はここにあるのではないか、これが原因となって問題が起きているのではないかなど、まだ誰も取り上げていない独自の論点を設定しなければなりません。

ここでは、論点としてあげた「英語教育のビジョンと早期導入がどうつながるかの議論が必要」と「グローバル化＝英語ではない」という2点について、読んできた本や資料にはない独自の視点からの新たな指摘ができないか考えてみます。

最初に、レポートは書いている時間より、何を書くかを決める時間のほうが多くかかると書いたのは、このオリジナリティのある論点の展開を考えるのにとても時間がかかるからなのです。じっくりと取り組んでみてください。

（5）結論を導く

論点をどのように展開してオリジナリティのある結論を導くか、ここでは「グローバル化＝英語ではない」というところに焦点を当てて考えてみることにします。

国内市場の収縮にともなって企業は次々と海外進出していますが、企業がグローバル人材に求めているのは英語でのコミュニケーション力です。でも、本当に必要なのは英語なのでしょうか。日本で開発されたものをそのまま海外で販売しても、必ずしもその地域で受け入れられるとは限りません。宗教や文化、その地域の人々の習慣や好み、それらに合わないものは、いくら宣伝をしても売れないでしょう。業績を伸ばすためには、地域を理解し、地域の人々が購入したいと思う商品を開発することが必要なのです。そのためには、英語が話せる一部の人々とのコミュニケー

ションだけでは不十分です。地域の言語による一般の人々とのコミュニケーションのなかに、商品開発のヒントがあるのではないでしょうか。すなわち、ビジネスがグローバル化すればするほど、企業が進出した地域の言語の習得や文化の理解が必要とされるのです。グローバル化＝英語という短絡的な考え方では、これからのビジネスは成り立たなくなるのではないでしょうか。

　このように考えると、多様な第二言語の習得が必要になってきます。小学校から英語をというより、母語が確立した後で効率的に必要とされる言語を習得する方法を身につけるほうが望ましいと考えられます。

　これがこのレポートの結論です。グローバル化するということは、ローカルな人々の要求を汲み取る必要に迫られることであり、そのために必要な多様な第二言語の習得は母語が確立した後で効率的に習得するほうが望ましいという結論を出す、ここにオリジナリティを出しています。

　レポートの結論がみえてきました。最後に、議論の過程に飛躍や矛盾がないかどうかを検証します。例えば、「この問題はこういう対策をとれば改善されるのではないか」という論点を設定した場合、問題が起きている原因を示し、だからこういう対策が必要で、この対策によりこういう点が改善されるというように、一つずつ議論を積み上げて結論を導く、これが「議論の飛躍がないように」ということです。また、これが原因だと書いているのに、その原因とは関係のない対策を提案しても意味がありません。これが「議論の矛盾」です。

　このような過ちを犯さないために、図書や資料から作成したメモをもとに、議論のポイントを書き出していきます。この際に、メモの内容すべてを書き出しては意味がありません。それでは、メモと全く同じになってしまいます。結論を示すのに必要なことは何か、それを吟味して必要なことだけを書き出すのです。それが完成すれば、レポートはそれにそって本文を書いていくだけです。また、書き出した議論のポイントからレポートの骨組みとなる目次を作成し、それに内容を肉付けするように書いていくのもよい方法だと思います。是非、試みてみてください。

　では、具体的なレポートの構成について見ていくことにします。メモからポイントを書き出して、レポートの形に組み上げていくところです。

5.1.2　レポートの構成

　レポートの書き方には、学問の分野やテーマによってさまざまな形式があります。ここで紹介するのは、その一例にすぎません。必ずしもこのような形式で書かなければならないというものではありませんので、他の文献なども参考にして自分なりの書き方を身につけてください。

　しかし、どのような形式で書くとしても、基本的なことは守られていなければなりません。ポイントは次の3つです。

1. 文章が明快であること
2. オリジナリティが明確に示されていること

3. 論旨に矛盾がないこと

1の明快な文章は、誰もが「なるほど！」と思えるよう、内容をわかりやすく正確に伝えるポイントです。明快な文章を書くコツは、一文の長さをできるだけ短くすることです。文学的表現は、レポートの内容にもよりますが、一般的には用いないほうが無難です。主語と述語を明記し、誤解を招かないよう端的な文章を書きましょう。読む人にレポートの内容が、正確に伝わることが重要なのです。なお、文体は一般的には「です」「ます」ではなく、「である」で書く方がよいでしょう。

2のオリジナリティは5.1.1の「(4) 論点を設定する」でも強調したように、レポートのもっとも重要なポイントです。一般的に言われていることや、ほかの人がすでに主張していることを結論に書いても、評価の高いレポートにはなりません。これでは収集した情報を整理した、それだけのものになってします。オリジナリティ、すなわち独創性と新規性がレポートには重要なのです。誰もまだ気づいていない問題点や、新たな提案を結論に書く、これがよいレポートの条件です。

また、せっかくよい結論が得られたのに、どこかの本に書いてあったような書き方をしたのでは元も子もなくなります。すでに明らかにされている事実や定説と、自分のオリジナリティを主張する部分が明確に区別されていなければなりません。「引用のルール」が、ここで重要になってくるのです。

3の論旨の矛盾とは、5.1.1の「(5) 結論を導く」に具体的に記載したように、提起した問題と結論として書いた内容が一致しているかどうか、議論の展開に矛盾がないかどうかなどです。レポートの構成を考える際に、論旨の妥当性を十分に検討しましょう。調べたこと（メモに書いたこと）は全部レポートに書きたいという気持ちはわかりますが、提起した問題や得られた結論と無関係な内容を書くことは逆にレポートの評価を下げてしまいます。不要なものは削る勇気も必要です。

では、「小学校の英語学習」を例にして、レポートの構成について説明します。5.1.1の「レポートを書くための準備」で作成したメモをもとに、結論を示すために必要なことだけに絞ってレポートの形に組み上げていきます。

(1) レポートのタイトル

内容を適確に表すタイトルであれば、どのようなものでもかまいません。決して「情報リテラシーの課題」などというような、内容が全くわからないタイトルはつけないようにしてください。ここでは、「小学校の英語学習」としました。

(2) 著者名

学部、学科、学生番号、氏名などを明記します。メールアドレスを記載するのも、レポートを読んでくださった方から意見をいただくにはよいかもしれません。

（3）はじめに

　何を問題として取り上げるのか、その問題を取り上げた背景と理由、その問題の何を明らかにするのかを明確に書きましょう。ここでは、以下のような問題提起をします。

問題： 小学校への英語学習導入について考える。

理由： 2013 年、教育再生実行会議がグローバル化に対応した教育の充実を目的とし、小学校での英語の教科化と開始学年引下げを提言した。小学校の英語学習は 2002 年度より総合的な学習のなかで行われてきた。しかし、現時点でも指導者の問題や、早期の英語学習がもたらす問題点も指摘されている。そのようななかで、なぜ小学校から英語なのか、日本語もままならないのになぜ教科化・早期化なのか。

方法： 小学校への英語学習導入の経緯や現状を調べ、小学校での英語学習の問題点を明らかにする。グローバル化と小学校の英語学習がどうつながるのかを考える。

　このアウトラインにそって、「はじめに」の節を書きます。

（4）本論

　本論はレポートの本体にあたる部分です。ただ、「はじめに」の後にいきなり「本論」と書くのはやめましょう。5.1.3 の「レポートの一例」をみても、「小学校の英語学習必修化の経緯」、「小学校の英語学習の現状」というように、その内容にあった節タイトルをつけています。ここはそれぞれのテーマによっていくつかの節に分け、適切なタイトルをつけてください。

　では、メモに書き写した内容のポイントだけを抜き出してみましょう。

- 小学校の英語学習必修化の経緯

    1998 年に改正された小学校学習指導要領に外国語会話が盛り込まれ、2002 年度から小学校の英語学習が始まった。2008 年に新学習指導要領が告示され、小学 5、6 年生で「外国語活動」が必修化（2011 年度から実施）された。2013 年、教育再生実行会議は小学校英語を正式な教科にすることや、実施学年の早期化を求める提言をまとめた。

- 小学校の英語学習の現状

    小学校 5、6 年生で必修化されている「外国語活動」の内容は、「外国語を用いて積極的にコミュニケーションを図ることができる」こと、「日本と外国の言語や文化について、体験的に理解を深めることができる」こととされている。具体的には、教員や ALT とともにあいさつ、ゲーム、自己紹介などを通じて、コミュニケーションに必要な基本的表現を学ぶというような授業が行われている。

- 小学校への英語学習導入の推進論と慎重論

5.1 レポートの作成

英語学習の開始時期の議論と、母語の言語教育が優先されるべきという議論について、推進論と慎重論の主張をまとめる。

英語学習の開始時期の議論

推進論：外国語の学習には「臨界期」が存在するとし、学習は早ければ早いほど高い達成度が得られる。

慎重論：開始時期の問題ではなく、どれだけ英語に触れたかの違いであるとし、インプットの質、量が非常に重要と主張する。

母語の言語教育が優先されるべきという議論

慎重論：英語を指導する前に、英語を載せるための土台となる母語の教育をしっかりとしなければならない。

推進論：小学校英語教育が日本語の力を衰えさせるのではないかというのは杞憂だと断言する。

- 小学校の英語学習の問題点

 日本は学校教育としてどのような英語教育を目指すのか、そのビジョンがない。そのビジョンと早期化がどうつながるのか、そこを明確にしなければ導入の意義はない。現職教員の研修や ALT 採用の財源確保もなされず、必修化、教科化、早期化だけが着々と進んでいくのでは、児童に何の益ももたらさないのではないか。

- グローバル化と小学校の英語学習

 「グローバル化を推進する国内人材の確保・育成」を課題として挙げる企業が 74.1 %に達する。ただ、ほとんどの企業がグローバル人材に求めている語学力は、英語でのコミュニケーション力である。しかし、これからはグローバル化すればするほど、ローカルな人々の要求を汲み取る必要に迫られるのではないだろうか。すなわち、その地域の言語の習得が必要になる。グローバル化＝英語という短絡的な考え方ではビジネスは成り立たなくなる。このような語学力が必要とされるなら、英語でのあいさつやゲームで言葉に慣れるだけのような内容のために、母語を学ぶ重要な時期を費やすことにどれほどの意味があるのか。

 このように、それぞれの節の内容のポイントをまとめると、議論の流れが見えやすくなり、示したい結論に対して何が必要で、何が不要かが明白になります。この時点で、議論の全体を考察し、不必要なものは削除しましょう。そして、これをもとに詳細な内容、十分な説明、必要な資料を加えながら本論を完成させます。

 レポートに図表を用いる場合の説明を補足しておきます。基本的には、表やグラフは自分で作成したものを使用します。表やグラフの作り方やレポートへの掲載の仕方は、第 6 章の「グラフ

を描く」を参考にしてください。また、自分で作成したとしても、本や雑誌に書かれている図表とまったく同じものを作成した場合は、「(6) 注と文献」にあるような引用をして、図表の下に「出典：…」と記載します。言うまでもありませんが、ホームページに載っている図表をそのまま使用する場合は、そのホームページの URL を明記して出典を記載しなければなりません。

(5) むすび

　本論で検討したことから、何がいえるのか結論をまとめるところです。決して、無理をしてはいけません。もし、思うような結果が得られなかったら、正直にそのことを書きましょう。そして、なぜそういうことになったのかを検討すればよいのです。「時間がなかったから」という結論は認められませんが、「…という理由により詳細なデータが入手できなかったため、…の検討はこのレポートではできなかった」ぐらいなら許可できる範囲かもしれません。ただし、こういう場合は「今後の検討課題とする」というように書いてほしいものです。
　このレポートでは、以下のような結論にしました。

> 　グローバル化に伴って必要とされる言語は、必ずしも英語だけとは限らない。グローバル化が進めば進むほど、地域の文化や習慣にあった商品・サービスが求められる。すなわち、多様な第二言語に対応する必要がある。このような第二言語は母語が確立した後に系統的に学ぶほうが意味があるとされていることから、小学校への英語学習の早期導入や教科化を安易に受け入れることは弊害にすらなりえる。

(6) 注と文献

「引用のルール」でも少し触れましたが、ここでは注と文献の書き方について先の例を再度示して説明します。

日本の英語教育に対し、何年も英語を勉強しているのに日常会話すらまともにできないという不満を抱いている人が多い。これに応えるために、実用に即した英会話が英語教育に取り入れられるようになった。しかし、実用を重視することで、「土台となる文法・読解能力が不安定なために、その先高度な学習を積み上げることが難しく」（注1）なっているという指摘がなされている。

注

　　1. 斎藤兆史, 2005, p.22

文献

　　斎藤兆史（2005）「小学校英語必修化の議論にひそむ落とし穴」, 大津由紀雄編著『小学校での英語教育は必要ない！』, 慶應義塾大学出版会

5.1 レポートの作成

　文献に挙げた図書は、タイトルが『小学校での英語教育は必要ない！』で、大津由紀雄氏が編集も執筆もしているので「編著」となっています。出版社は「慶應義塾大学出版会」、発行年が2005年です。この本に、斎藤兆史氏が「小学校英語必修化の議論にひそむ落とし穴」というタイトルで書いた章があり、そこに「土台となる文法・読解能力が不安定なために、その先高度な学習を積み上げることが難しく」なっていると書かれています。この文章は本の22ページ目に書かれていますので、注にページ番号p.22が記載されています。このように、注と文献は対になっていますので、内容に食い違いのないように注意しましょう。ちなみに、複数ページにわたっているときには、pp.20-22のように記載します。

　ここにきて何ページに書かれていたかがわからないとなると、もう一度本を読みなおさなくてはなりません。時間も無駄です。そうならないために、メモに出典を記載することを忘れないようにしてください。

　「引用のルール」でも書きましたが、「　」で囲む引用は、本に書かれている文章と一言一句違わないことがルールです。でも、途中の部分はレポートの内容に関係がなく、省略したほうがよいという場合があります。そのときは、「…（中略）…」という書き方をします。「…」の箇所は、本に書かれている文章と同じでなければなりません。5.1.3のレポートで、（注3）が付された文章が例です。

　また、非常に長い文章をそのまま引用したい場合は、少し字下げ（行頭を何文字分か空ける）をして段落を変えて記載するとよいでしょう。5.1.3のレポートで、（注5）が付された文章が例です。ただし、（注5）のように数行が限度です。ページの半分以上が引用された文章というのは、レポートとしてありえません。

　ただ、何ページにもわたって書かれている内容を引用したい場合もあります。そういう場合に使用されるのが、「　」で囲まない引用です。これを「参照」と呼んでいます。これは、たとえ数行でもまったく同じ文章では冗長すぎたり、そのままの引用では前後の文章とつながらなかったりするときに使用されます。このような場合は、「　」を付けずに著者の主張を忠実に要約した文を自分で作成し掲載することができます。もちろん、注をつけて出典を示すのは「　」で囲む引用と同様です。5.1.3のレポートで、（注13）が付された文章が例です。このように段落を変えて、参照がこの段落全体であることを明確にして書いてください。

　注には、上記のように引用や参照した文献の詳細な情報を示すためにつけられるものと、誤解や理解不足を防ぐために内容を補足する意味でつけられるものがあります。補足の注が5.1.3のレポートの（注7）や（注27）です。レポートで主張したいことに直接つながっているのなら、本文に書いてください。でも、そこまで必要ではない場合や、本文に書くと主張したいことがストレートに伝わりにくくなる、そういうときに使用します。

　どのような注もすべて注をつける語句や文章の終わりに、5.1.3のレポートの例にあるように（注1）、（注2）のような通し番号をつけます。そして、レポートの最後にこの番号と注の内容、文献を一覧表にして載せておきます。

注、文献の記載方法には、さまざまなものがあります。例をあげておきますので参考にしてください。必ずしもこの表記に従わなくてはならないというものでは決してありませんので、いろいろな文献の記載方法を参考にしてください。

注の記載の仕方

  単行本　　　　　　　：著者の姓のみ，発行年，ページ番号．
  雑誌論文　　　　　　：著者の姓のみ，発行年，ページ番号．
  新聞記事　　　　　　：「記事のタイトル」新聞名，記事掲載年月日．
  インターネット資料：「資料のタイトル」サイトの運営主体，URL．

文献の記載の仕方

  単行本　：著者名（発行年）『書名』出版社名．
  雑誌論文：著者名（発行年）「論文タイトル」『雑誌名』，巻，号，ページ番号，
      雑誌発行機関名．

　ここでは、文献は図書や論文のみとし、新聞記事やインターネット資料は注にしています。この点は学問の分野によって、また執筆者によっても異なっています。一般的にはそうしている場合が多いという程度にとらえてください。また、インターネットに情報を掲載しつつ、冊子体でも提供されている文献があります。5.1.3のレポートの例の文献にある、教育再生実行会議（2013）、中央教育審議会（2008）、文部科学省（2008）です。このような文献はURLもともに記載しておきましょう。

　具体的には、5.1.3の「レポートの一例」の注、文献の欄をみてください。

　さて、ここまで書き上げたら、もう一度ポイントを確認しながら読み直すことです。そして、最初に書いた「オリジナリティが明確に示されていること」、「論旨に矛盾がないこと」を、再度チェックしてください。基本的なことですが、誤字・脱字にも気をつけましょう。特に、人名、書名などの固有名詞の誤りは、よほど著名な書物や人名でないかぎり誰も気づいてはくれません。それから、レポートが1ページで終了することはありません。必ず、ページ番号をつけることを忘れないでください。

5.1.3　レポートの一例

5.1.2に従って書いたレポートを、一例としてあげておきます。

小学校の英語学習

学生番号　氏　　名

1. はじめに

　2013年5月、教育再生実行会議は、「小学校の英語学習の抜本的拡充」を提言した。「初等中等教育段階からグローバル化に対応した教育を充実する」ことを目的とし、実施学年の早期化と高学年では正式な教科にすることを求めている（注1）。

　小学校の英語学習は、2002年度より総合的な学習のなかで行われてきた。しかし、指導する教員が英語を専門としないことや、それを支えるALTを採用する財源も不足するなど、今も多くの問題点をかかえたままである。早期の英語学習がもたらす問題点も指摘されるなか、「低学年で開始するのが適切」という言葉だけが先行しているようにみえる。

　ここでは、小学校に英語学習が導入された背景や現状を踏まえ、グローバル化と小学校の英語学習について検討する。

2. 小学校の英語学習必修化の経緯

　小学校における英語学習は、1998年に改正された小学校学習指導要領に、国際理解の課題として「学校の実態に応じた学習活動を行うものとする」（注2）と明記されたのが最初である。さらに、この指導要領では、「国際理解に関する学習の一環としての外国語会話等を行うときは（中略）小学校段階にふさわしい体験的な学習が行われるようにすること」（注3）とされている。この指導要領が施行された2002年度に、小学校での外国語会話、実際には英語学習がスタートした。

　1998年の小学校学習指導要領に外国語会話が導入された背景には、急速に進む国際化に対応しうる人材の育成が教育に求められていたことがある。1987年、臨時教育審議会が「多様な異文化を深く理解し、充分に意思の疎通ができる国際的コミュニケーション能力の育成が不可欠」（注4）と答申したことにもそれが表れている。これを受けて外国語会話を早期に導入することが検討され、1998年、教育課程審議会は以下のような答申を行った。

　　小学校における外国語の取扱いとしては、各学校の実態等に応じ、「総合的な

学習の時間」や特別活動などの時間において、国際理解教育の一環として、児童が外国語に触れたり、外国の生活や文化などに慣れ親しんだりするなど小学校段階にふさわしい体験的な学習活動が行われるようにする必要があると考える。(注5)

　この答申を受けて1998年に小学校学習指導要領が改正され、小学3年生以上に新設された「総合的な学習の時間」のなかで、情報、環境、福祉・健康などの課題とともに、国際理解・外国語会話が2002年度より実施されることになったのである。
　その後、小学校における英語学習は、グローバル化の急速な進展に伴い、高学年で一定の授業時間を確保する方向へと向かうことになった。2008年に提出された中央教育審議会の答申によると、「総合的な学習の時間とは別に高学年において一定の授業時数（年間35単位時間、週1コマ相当）を確保する一方、教科とは位置付けないことが適当と考えられる」(注6)とされている。「総合的な学習の時間」での取り組みでは各学校でのばらつきがあり、共通した指導内容を示す必要があるとされたのである。これに基づき、2008年に新学習指導要領が告示され、小学5、6年生で「外国語活動」（注7）が必修化された。この指導要領は2011年度から実施され、現在も5、6年生には年間35の授業時数が定められている。
　このような現状のなかで、2013年5月、教育再生実行会議は、上記の中央教育審議会が「教科とは位置付けない」とした小学校英語を正式な教科にすることや、実施学年の早期化を求める提言をまとめた。国際社会におけるグローバル人材の育成が狙いとされ、これを受けて現在文部科学省は教科書や開始時期の具体的な議論に入っている。

3. 小学校の英語学習の現状

　現在小学校5、6年生で必修化されている「外国語活動」の内容については、『新学習指導要領・生きる力』に、「外国語を用いて積極的にコミュニケーションを図ることができる」こと、「日本と外国の言語や文化について、体験的に理解を深めることができる」(注8)こととされている。ただし、ここでの「外国語活動」は、「英語を取り扱うことを原則とする」とされ、具体的にはあいさつや自己紹介など身近な暮らしにかかわる場面で英語でのコミュニケーションを体験させることを内容としている（注9）。
　具体的な取り組みについては、文部科学省の『新学習指導要領・生きる力』「第3章 言語活動を充実させる指導と事例」（注10）や、「小学校版 新学習指導要領に対応した外国語活動及び外国語科の授業実践事例映像資料」（注11）のサイトで情報提供が行われている。たとえば、物が入ったブラックボックスに手を入れて、触った感触でそれが

何かをあてるクイズである。英語でヒントを求め、児童は色や形の説明を英語で行う。互いにわかり合えるためにはコミュニケーションが必要であり、その場面をクイズという状況の中で作り出すことで児童の関心を引いている。

　実際に、横須賀市では早くからこのような英語学習を取り入れて、小学校の外国語活動を推進してきた。2002年度より1年から6年の全学級にALTを派遣し、2009年度からは1年から4年に年間10時間の英語学習を実施している。市は教育委員会内にカリキュラムを作成する組織を作り、「ハッピータイム」（注12）という年間指導計画を作成し毎時間のカリキュラムを示した。低学年では、あいさつや好きな色、得意なことについて話す、高学年では自己紹介、道案内、夢を伝えるなど、コミュニケーションに必要な基本的表現が具体的に示され、教員、ALTにとって教育内容の理解がしやすくなっている。また、このように毎時間の目標と内容を明確にしたことで、系統的な指導を行うことが可能になっている。

　しかし、このような英語学習がすべての小学校で行われているわけではない。このばらつきを解消するため、教科化することが2013年に提言されたのである。

4. 小学校への英語学習導入の推進論と慎重論

　そもそも、小学校への英語学習導入にあたっては多くの議論があった。大きな論点は、英語学習の開始時期の議論と、母語の言語教育が優先されるべきという議論である。

　小学校英語学習の開始時期について、推進論は早く始めれば始めるほど技能の達成度が高まるとする。この議論の根拠は、外国語の学習には「臨界期」が存在し、それ以後に学習しても効果は上がらないという考えに基づいている。「臨界期」については、唐須が l と r の聞き分けや、冠詞や単数、複数の選択などは、成人に達してからの学習では身につけることが非常に困難であること、「臨界期」以前に学習を始めるとそのような問題がないことを根拠に、第二言語の習得には「臨界期」に近いものが存在するとしている。したがって、母語話者に近い程度の習得を目指すなら、小学生の段階で音や冠詞の学習を重点的にやっておくことが必要とする（注13）。

　この「臨界期」を前提に、早期に英語学習を受けたグループと、受けなかったグループを比較するいくつかの研究が行われた。中学生、高校生、大学生に行ったアンケート結果から、早期英語学習経験者は、非経験者に対して以下のような傾向が強いとしている（注14）。

1. 学習動機として、外国の人々と話したり友達になったりすることを挙げている。
2. 自主的な英語学習に積極的であり、英語以外の外国語学習にも意欲的である。

3． 外国の文化や考え方を理解したり、日本の文化や考え方を外国の人々に紹介することの必要性を強く感じている。

　また、私立小学校で英語を学んだグループ（Ex）と、中学から英語学習を始めたグループ（Non-Ex）を、中学1年、中学3年、高校2年の各学年で英語技能の熟達度を比較したところ、中学1年ではExの技能が勝っているが、中学3年ではその差は縮小し、高校2年で再び拡大していることが判明した（注15）。さらに、早期英語学習経験を持つ中学2年生および3年生を対象に、「9歳以前」に学習を開始したグループと、「10歳、11歳」で開始したグループに分け英語習熟度を比較した研究がある。その結果から、「9歳以前」のほうがReading、Writingで高い習熟度に到達することが明らかになった（注16）。

　以上のように、推進派は「臨界期」の存在と、早期開始のほうが高い習熟度に到達するという調査結果から早期導入を主張している。

　一方、慎重論はこの早期英語教育に対し、「開始時期の問題ではなく、どれだけ英語に触れたかの違いである」（注17）とする。

　今井は、赤ちゃんは生後十ヶ月くらいで母語にない音素に注意を向けることをやめてしまうことを示し、「無駄なものに対して注意を向けなくするように音声情報処理システムをチューニング」するとしている。このような特定の言語に脳がチューニングされることを踏まえれば、lとrの聞き分けなどの「臨界期」は生後1年までと考えられる。さらに、唐須の「母語話者に近い程度の習得」を目指すには、時期の問題だけではなく、インプットの質、量が非常に重要と主張している。赤ちゃんひとりひとりに合わせた話しかけや、濃密なインターラクションに支えられて子どもは母語を学習する。この質と量が母語に最適な脳の情報処理システムを作っていくのである。小学校への英語学習導入は、最適な情報処理システムの構築には遅く、週1時間、たとえ数時間としても量が不足し、質も望めない。よって、英語学習のために他の教科を削減する不利益をもってしても、遊びや歌で英語を導入することでもたらされる価値が大きいとは思えないと結論づけている（注18）。

　第二言語を習得する場合、生活空間が第二言語の環境で習得する場合と、母語の環境のなかで第二言語を習得する場合では、その達成度に大きな違いがある。英語圏で毎日生活する環境では、英語に触れる時間も多く、コミュニケーションがとれなければ生活することもままならない。そういう環境では、子どものほうが大人より早く英語を身につけることが可能で、「臨界期」にあたるものがあると考えられる。しかし、そのことが母語の環境のなかで英語を習得する場合にも「臨界期」が存在するということにはな

らない。母語の環境のなかでの英語学習は、第二言語の環境で英語を学習するのとは質的に異なったものとされている（注19）。

　もう一つの論点は、母語の言語教育が優先されるべきという議論である。慎重論の三森は、「英語を指導する前に、英語を載せるための土台となる母語の教育をしっかりとしなければならない」（注20）と指摘する。どんなに単語や文法を知っていても、欧米人の理解できる方法で説明しなければ何の役にも立たない。まずは日本語のトレーニングが必要であり、それが確立された後に英語を学習することで、本来のコミュニケーションが成り立つとする。

　コミュニケーション能力は、語学力だけではない。相手に自分の考えを伝えるには、どう伝えるかが重要であり、母語でこのような力がついていない限り英語でも伝えることは難しい。鳥飼は、コミュニケーション能力は「一朝一夕に習得できるものではなく、母語における言語能力が基礎となり時間をかけて培われるもの」（注21）としている。

　これに対し、唐須は圧倒的な日本語の環境のなかで日本語が伸びないことはない、英語での読み書き能力の訓練は日本語の学習においてもプラスになる、英語の使用が日本語にもよい効果をもたらすと述べている。小学校英語教育が日本語の力を衰えさせるのではないかというのは杞憂だと断言している（注22）。

　このようななかで、2005年と2006年に、教科化に反対する大学教員らが「小学校での英語教科化に反対する要望書」を文部科学大臣に提出した。要望書には、「小学校での英語教育の利点について、説得力のある理論やデータが提示されていない」、「十分な知識と指導技術をもった教員が絶対的に不足している」などの論点が挙げられており、小学校英語教育の是非について議論が十分に尽くされていないなかで、小学校英語教育を強行することは国民、とくに児童の利益を損ねる可能性を否定することができないと主張している（注23）。

5. 小学校の英語学習の問題点

　大津は、小学校への英語学習導入には次のような背景があると指摘している。

　　産業界からの強い要請、一般の人々の根強い英語願望（あこがれ）、英語の商品力に着目した英語産業の強力な後押し、さらには、大学などにおける英語教員のポストの確保を狙う英語教育関連の学会の動向、そして、これらの要因を巧みに連携させることによって英語教育行政に確固たる指導力を発揮しようとする文部科学省の思惑などが複合的に作用して形成されたもの。（注24）

産業界や一般の人々が求める英語教育とは、使える英語を身につけることである。すなわち、海外進出する企業は相手と対等に交渉できるグローバルな人材育成を求め、一般の人々は英語を学んだにもかかわらずほとんど使えないという劣等感からもっと早くから英語教育をと求める。この流れにのって形成されたのが、小学校における英語学習である。

　4節の推進論の研究は、この流れを後押しするものである。ただ、限られた人数を対象とした調査結果だけでは、教科化に反対する大学教員らが提出した要望書にあるように「説得力のある理論やデータ」とは言い難い。英語学習の早期導入をいうなら、日本は学校教育としてどのような英語教育を目指すのか、そのビジョンを示し、それを踏まえたうえで小学校での英語教育の必要性を議論するのが筋だ。そのビジョンと早期化がどうつながるのか、そこを明確にしなければ導入の意義はない。

　さらに、小学校英語教育にあたる指導者の問題もある。1997年7月15日の朝日新聞に、総合的学習の時間を活用して外国語（英語）教育が実施されるという記事が掲載された。そこには、「文部省案は、小学校への外国語教育の導入に当たっての課題として、外国語指導助手の拡充▽留学生や企業の技術者ら在日外国人の活用▽外国語に堪能な社会人の活用▽担任教師の外国語指導力の育成─などをあげている」（注25）と記載されている。また、2013年10月23日の読売新聞には、小学校英語の教科化を取り上げ、現職教員の研修の必要性と「外国語指導助手（ALT）や外部人材も活用し、質の高い学習環境を整える必要がある」（注26）としている。これらの記事の間には16年もの年月が経過しているにもかかわらず、現職教員の研修の必要性やALTの活用など、同じような課題が指摘されている。指導者の問題はいまだに解決していないと言える。

　小学校に英語学習が導入された2002年度に、JETプログラム（注27）によりネイティブ・スピーカーの小学校専属ALTが20名採用された（注28）。2005年度には121名になったものの、公立小学校は全国で約23,000校あり（注29）、これではほとんどの小学校でALTを活用した授業が行えないことになる。そのため、各自治体の教育委員会は民間の派遣会社に委託して外国人をALTとして派遣してもらっている。このJETプログラムによらないALTが、やはり2005年時点で1,979人（ただし、パートタイムを含む）いる（注30）。ALTの費用は交付金で賄われるが、渡航費、居住費、社会保険料などは自治体負担のため、JETプログラムによるALTの増員は難しい。派遣会社のほうがコスト削減につながるのである。現職教員の研修やALT採用の財源確保もなされず、必修化、教科化、早期化だけが着々と進んでいくのでは、児童に何の益ももたらさないのではないか。

6. グローバル化と小学校の英語学習

5節で、小学校への英語学習導入は産業界からの要請と指摘した。経済産業省が2010年に行った調査によると（注31）、企業が海外拠点を設置・運営するにあたり、「グローバル化を推進する国内人材の確保・育成」を課題として挙げる企業が74.1％に達するとされている（図1）。このグローバル化を推進する人材に求められているのが、語学力と国際経験である。

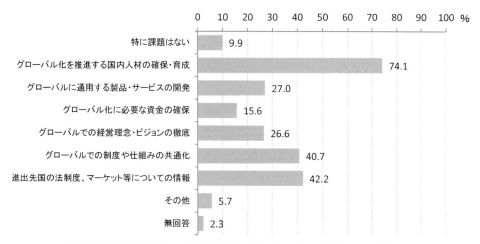

（出典：経済産業省「グローバル人材育成に関するアンケート調査（2010年）から作成）

図1　海外拠点の設置・運営に際しての課題

国内市場の収縮にともなって企業は次々と海外へ進出し、地球規模でビジネスを展開している。しかし、グローバルな環境下で活躍できる人材はなかなか育たない。それが上記の調査結果に結びついているのだろう。ただ、ほとんどの企業がグローバル人材に求めている語学力は、英語でのコミュニケーション力である。

日本の企業が海外に進出する場合、必要なのははたして英語なのだろうか。日本で開発されたものをそのまま海外で販売しても、それは必ずしも受け入れられるとは限らない。宗教の違いや、その地域の人々の好みや慣習に合わない場合、いくら優秀な戦略をもってしても売上は伸びないだろう。それぞれの地域の宗教・文化を理解し、その地域の人々が購入したいと思う商品の開発が必要なのだ。そのためには、英語が話せる一部の人々とのコミュニケーションだけでは不十分だ。その地域の言語での一般の人々とのコミュニケーションがそのヒントを提供してくれる。すなわち、ビジネスがグローバル化すればするほど、企業が進出したその地域の言語の習得や文化の理解が必要とされる。

グローバル化＝英語という短絡的な考え方では、これからのビジネスは成り立たなくなるのではないか。

　第二言語の学習は母語のように自然に身につくものではなく、自覚的・系統的に学ぶことが必要とされている（注32）。すなわち、母語での読み書きが確立した後に、系統的に第二言語を学ぶことに意味がある。小学校の早い段階での英語学習がどれほどの意味をもつのか、さらに3節で示したような英語でのあいさつやゲームで言葉に慣れるだけのような内容のために、母語を学ぶ重要な時期を費やすことにどれほどの意味があるのだろうか。「グローバル化に対応可能な人材育成」という流れに、未来を担う子どもたちの教育を安易にゆだねてはならない。

7. むすび

　「グローバル化に対応した教育を」という教育再生実行会議の提言をもとに、文部科学省は小学校での英語学習を教科にすることを検討している。しかし、グローバル化に伴って必要とされる言語は、必ずしも英語だけとは限らない。グローバル化が進めば進むほど、それぞれの地域の文化や習慣に配慮した商品・サービスが求められる。すなわち、グローバル化に対応した言語教育は、多様な第二言語を対象としなければならなくなる。

　第二言語は、母語が確立した後に系統的に学ぶほうが意味があるとされている。まして、どの言語が必要かは人によって、状況によってさまざまとなれば、小学校に英語学習を導入する意味はますます薄れる。これからは、母語での言語教育をしっかりと行い、その上に必要とされる第二言語を系統的に積み上げられるような教育が必要なのではないか。グローバル人材の育成という流れにのって、安易に小学校への英語学習の早期導入や教科化をに受け入れることは弊害にすらなりえることを押さえておく必要がある。

注

1. 教育再生実行会議，2013，p.4.
2. 文部省，1998,『小学校学習指導要領』「第1章　総則」の「第3　総合的な学習の時間の取扱い」
（http://www.mext.go.jp/a_menu/shotou/cs/1320008.htm）
3. 同上
4. 臨時教育審議会，1987,『教育改革に関する第四次答申』「第1章　教育改革の必要性」独立行政法人 国立青少年教育振興機構

(http://nyc.niye.go.jp/youth/book2003/html/04/04_04_01.htm)
5. 教育課程審議会，1998,『幼稚園、小学校、中学校、高等学校、盲学校、聾学校及び養護学校の教育課程の基準の改善について（答申）』「1　教育課程の基準の改善の基本的考え方」「(3) 各学校段階・各教科等を通じる主な課題に関する基本的考え方」「(国際化への対応)」
(http://www.mext.go.jp/b_menu/shingi/old_chukyo/old_katei1998_index/toushin/1310294.htm)
6. 中央教育審議会，2008, p.64
7. 2002年度から実施されていた「外国語会話」は，「総合的な学習の時間」のなかで行われる一つの課題でしかなかった。それが2011年度からは，5,6年生を対象に「領域」として必修化され，「外国語活動」と表記されるようになった。ただ，「領域」は道徳と同じく，教科書もなければ評価も行わない。これが算数や国語のように，統一した教科書を使用してテストによる評価をすると「教科」となる。
8. 文部科学省，2008, p.95
9. 文部科学省，2008, pp.95-97
10. 文部科学省，2011,『言語活動の充実に関する指導事例集【小学校版】』「第3章　言語活動を充実させる指導と事例」「(3) 指導事例」「外国語活動」
http://www.mext.go.jp/a_menu/shotou/new-cs/gengo/1300873.htm
11. 文部科学省「小学校版 新学習指導要領に対応した外国語活動及び外国語科の授業実践事例映像資料」
http://www.mext.go.jp/a_menu/kokusai/gaikokugo/1337164.htm
12. 樋口ほか編，2010, pp.64-69
13. 唐須，2004, pp.87-92
14. 樋口ほか，1994, pp.41-42
15. 樋口ほか，1988, p.3, p.10
16. 樋口ほか，1992, p.32
17. 鳥飼，2006, p.19
18. 今井，2005, pp.77-99
19. 大津，2004, pp.48-52
20. 三森，2004, p.275
21. 鳥飼，2004, p.197
22. 唐須，2004, pp.98-101

23. 大津編著（2006）の巻末の資料に掲載されている。
24. 大津，2004，p.46
25. 「総合的学習の時間活用し会話など 2003 年度以降小学校の英語教育」，朝日新聞，1997 年 7 月 15 日
26. 「専門教員配置課題に」，読売新聞，2013 年 10 月 23 日
27. JET プログラムは，「語学指導等を行う外国青年招致事業」（The Japan Exchange and Teaching Programme）の略称で，総務省，外務省，文部科学省及び財団法人自治体国際化協会（CLAIR）の協力の下，地方公共団体が実施している事業
（http://www.jetprogramme.org/j/introduction/index.html）
28. 文部科学省・総務省・外務省・（財）自治体国際化協会共同発表，2002，「平成 14 年度『語学指導等を行う外国青年招致事業』（JET プログラム）新規招致者の決定について」
（http://www.mext.go.jp/b_menu/shingi/chousa/shotou/020/sesaku/020701.htm）
29. 文部科学省，2006，『小学校における英語教育の在り方に関する論点について（論点案）』「条件整備に関する基礎データ」
（http://www.mext.go.jp/b_menu/shingi/chukyo/chukyo3/015/siryo/06022214/001.htm）
30. 同上
31. 経済産業省，産学人材パートナーシップグローバル人材育成委員会報告書（2010 年 4 月 23 日公表），p.20
（http://www.meti.go.jp/policy/economy/jinzai/san_gaku_ps/global_jinzai.htm）
32. 内田伸子，2005，p.124

文献

教育再生実行会議（2013）『これからの大学教育の在り方について（第三次提言）』（http://www.kantei.go.jp/jp/singi/kyouikusaisei/pdf/dai3_1.pdf）
中央教育審議会（2008）『幼稚園、小学校、中学校、高等学校及び特別支援学校の学習指導要領等の改善について（答申）』
（http://www.mext.go.jp/component/a_menu/education/detail/__icsFiles/afieldfile/2010/11/29/20080117.pdf）

文部科学省（2008）『新学習指導要領・生きる力』
（http://www.mext.go.jp/a_menu/shotou/new-cs/youryou/syo/index.htm）

今井むつみ（2005）「認知学習論から考える英語教育」，大津由紀雄編著『小学校での英語教育は必要ない！』，慶應義塾大学出版会

内田伸子（2005）「小学校一年からの英語教育はいらない—幼児期〜児童期の『ことばの教育』のカリキュラム」，大津由紀雄編著『小学校での英語教育は必要ない！』，慶應義塾大学出版会

大津由紀雄（2004）「公立小学校での英語教育—必要性なし、益なし、害あり、よって廃すべし」，大津由紀雄編著『小学校での英語教育は必要か』，慶應義塾大学出版会

大津由紀雄編著（2006）『日本の英語教育に必要なこと』，慶應義塾大学出版会

唐須教光（2004）「Who's afraid of teaching English to kids?」，大津由紀雄編著『小学校での英語教育は必要か』，慶應義塾大学出版会

鳥飼玖美子（2004）「小学校英語教育—異文化コミュニケーションの視点から」，大津由紀雄編著『小学校での英語教育は必要か』，慶應義塾大学出版会

鳥飼玖美子（2006）『危うし！小学校英語』文春新書

樋口忠彦・三浦一朗・国方太司（1988）「早期英語学習経験者の追跡調査—第IV報」『日本児童英語教育学会研究紀要』第8号，pp.3-14，日本児童英語教育学会

JASTEC言語習得プロジェクト・チーム（樋口忠彦ほか）（1992）「学習開始年齢が言語習得に及ぼす影響—第IV報」『日本児童英語教育学会研究紀要』第12号，pp.27-37，日本児童英語教育学会

JASTEC言語習得プロジェクト・チーム（樋口忠彦ほか）（1994）「早期英語学習が学習者の英語および外国語学習における態度と動機に及ぼす影響」『日本児童英語教育学会研究紀要』第13号，pp.35-48，日本児童英語教育学会

樋口忠彦他編（2010）『小学校英語教育の展開—よりよい英語活動への提言』，研究社

三森ゆりか（2004）「母語での言語技術教育が英語の基礎となる」，大津由紀雄編著『小学校での英語教育は必要か』，慶應義塾大学出版会

5.2　ホームページを活用した情報発信

　不特定多数の人にグローバルな情報発信を行う最も簡単な方法は、ホームページを作成し、それを Web に掲載することです。第3章の「Web 上のコミュニケーション」で見てきたように、インターネットというメディアを活用することで、個人でも簡単に情報発信が可能になりました。そして、発信した情報を介して、さまざまなコミュニケーションが地球規模で生まれています。

　ここでは、地球規模とまではいきませんが、5.1節で作成したレポートをホームページ上で公開してみましょう。情報発信することが目的です。立派なホームページを作ることより、公開する内容の充実にしっかりと取り組んでください。多くの人がレポートを読んでくだされば、またいろいろな意見を寄せてくだされば、さらによいレポートになるでしょう。公開することは、そういう意味をもっています。

　情報発信のためのホームページですので、ここではワープロソフトを使ってホームページを作成します。その文書を html 形式で保存し、ブラウザで表示するだけで、立派なホームページのできあがりです。では、文書の作成にとりかかりましょう。

(1) 文字を表示する

　　ホームページに表示したい文字を入力します。文字が小さくては読めません。文字の大きさや色、文字の形にも変化をつけ、ホームページらしくしてみましょう。

- 文字のフォントサイズを変える
- フォントを変える
- 文字に色をつける
- 文字の表示位置を変える

　　文字のほかに、区切り線を挿入したり、背景に色をつけたり絵を貼り付けることもできます。もちろん区切り線の太さを変える、線の種類を変える、色を変えるなど、さまざまな変化をつけることもできます。

(2) リスト形式で表示する

　　レポートはホームページにリンクを張って公開します。レポートのタイトルを書き、そこにリンクを張るようにしましょう。提出する課題はどんどん増えていきますので、それらをリスト形式を使って箇条書きにして表示します。リスト形式には、図5.1 に示すように、番号つきのリストと、番号なしのリストがあります。

(3) 画像を表示する

　　文字だけのページに比べて、画像も表示されるページはとてもインパクトがあります。ただし、ホームページに入れる画像は、著作権に触れないよう自分で作成しな

5.2 ホームページを活用した情報発信

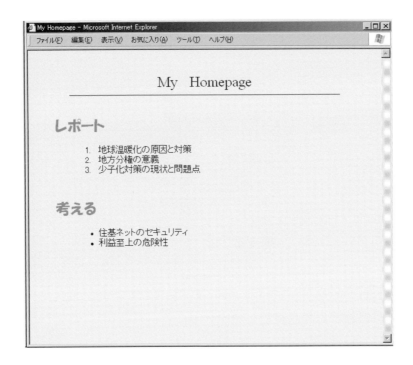

図 **5.1** リスト形式で表示する

ければなりません。グラフィックス作成用のアプリケーションソフトを使用して作成したり、デジタルカメラで撮影した画像をホームページに表示するのなら大丈夫です。でも、たとえ自分で撮影したとしても、アーティストやタレントの写真をホームページに載せることは肖像権に触れます。これは一般人にも認められる権利ですので、その人が特定できるような画像は本人の許可なく公開することは許されません。また、アニメや絵本の主人公の絵を自分で作成したとしても、これをホームページに載せれば著作権に触れます。これらの点は、第1章の「情報倫理」にも記載されていますので参考にしてください。もし、画像を自作する手段がない場合は、インターネット上にフリーで提供されている画像をダウンロードするという方法もあります。もちろんフリーで提供されていても、いろいろ条件がついている場合があります。提供者のページをよく読んで、どのような利用の仕方をすればよいのか確認してから使用しましょう。

　ホームページに画像を表示するのはとても簡単です。画像を表示したい場所にテキストボックスのような枠を用意し、その中に画像ファイルを挿入するか、コピーして貼り付けるだけでできます。画像の大きさも自由に変えられ、表示位置もドラッグすれば望むところへ移動することができます。ただ、大幅な拡大や縦横の比率を大きく変えたりすると、画像が見づらくなってしまいますので注意してください。例を図

図 **5.2** 画像を表示する

5.2 に示しておきます。図 5.2 のように、背景に自分で作成した画像を挿入すると自作の背景画面も作成できます。

(4) ハイパーリンク

　文字や画像、アイコン、ボタン等をクリックすると、指定された場所、または、他のページへ移動する機能を「ハイパーリンク」といいます。レポートの本文をそのままホームページに掲載すると、レポートの数が増えれば増えるほど文字だらけでわけがわからなくなってきます。このような場合は、ホームページの最初のページ（トップページ）には、レポートのタイトルだけを表示し、このタイトルをクリックするとレポートの本文が表示されるようにします。これがハイパーリンクです。

　リンク先が他のホームページであれば、http://www.some_u.ac.jp/のように URL を指定します。また、レポートのようなファイルの場合は、そのファイル名を指定します。リンク先には、さまざまなファイルを指定することができます。ワープロソフトを使用してレポートを作成しそれを Web に掲載する場合、レポートのファイルをそのままリンク先に指定してもかまいません。ただし、そのレポートの内容を見るためには、レポートを作成したワープロソフトがインストールされているコンピュータが必要になります。もしも、特殊なワープロソフトを使用してレポートを作成していた

場合は、せっかく情報発信してもほとんどの人が内容を見られないということになってしまいます。そこで、レポートを別のファイル形式で保存しなおし、特定のソフトウェアに依存しない形で情報発信するのが望ましいということになります。そういう意味で、もっとも無難なのが html 形式でレポートを保存することです。ただ、html 形式で保存すると、レポートに記載されている文章や図のレイアウトが崩れてしまう場合があります。そのような場合に利用されているのが、pdf 形式と呼ばれているファイル形式です。pdf 形式（portable document format）とは、さまざまな環境（コンピュータの機種、OS、アプリケーションなど）で作成された文書を、どのような環境でも作成したとおりに表示・印刷することができるファイル形式のことです。ただし、pdf 形式のファイルを作成するためには Adobe Systems 社の Adobe Acrobat が必要で、表示・印刷するためには無償で提供されている Acrobat Reader が必要となります。適切なファイル形式に変換して、情報を発信してみてください。

課題

1. 図 5.1 には、「考える」と題したコーナーがあります。ここは、新聞を読んだり、本を読んだりして「考えたこと」を自由に書くところです。これは問題だ！、なぜこんなことになっているのだろう、おかしいなと思うことを取り上げて自分の考えを書いてください。

第 II 部

データを分析する
― Web 上の最新データを用いて

情報を活用するための分析力、これを身につけることがここからの目的です。

自分の考えを他の人に伝えるとき、なぜそう考えるのか、なぜそのような結論になるのか、その根拠を示さなければ説得力をもちません。例えば、「この製品は増産する必要がある」と主張しても、なぜ増産する必要があるのか、いくら増産したらよいのか、それらを示さなければ決定も行動もできないでしょう。この根拠を示すために、過去の生産量や販売実績などの数値データが必要となるのです。でも、数値データはただ数字を並べて見せても、なかなか相手にその特徴を伝えることはできません。データ量が多くなればなるほど、なおさらです。「そういう理由で売り上げが伸びているなら、増産の必要がありますね」と即座に理解してもらえるような何らかの加工をする必要があります。これがデータ分析です。

データ分析には、正確さ、客観性が要求されます。先の例で言えば、企業の先行きを大きく左右する増産が分析結果に基づいて判断されるのですから、その分析が不正確で意図的に歪められたものでは困ります。正確に、客観的にデータをみるからこそ誰もが納得できる分析結果となり、それに基づく主張も多くの人に受け入れてもらえるのです。データがもっている特徴を、正確に、真摯にとらえる分析力を身につけることが、情報を活用する能力につながっています。

では、どのようにしてデータを分析すればよいのでしょうか。最初に試みるのは、グラフを描いてみることでしょう。グラフは、数値データがもっている特徴を誰が見ても理解してもらえる形にする最も簡単な方法です。例えば、時間の経過とともに上がったり下がったりしている株価も、グラフにすると上昇傾向なのか下落傾向なのかをとらえることができます。図に表すことで全体が理解しやすくなるのはたいていのことに当てはまりますが、数値データはとくにそれが顕著だといえます。

次は、統計量を計算することです。統計量というと難しく聞こえますが、平均とか標準偏差と呼ばれているものです。先ほどの株価も個々の企業に注目すると、上昇傾向の企業もあれば下落傾向の企業もあります。株式市場全体の動向は、個々の企業の動向だけを見ていてもとらえることは難しいでしょう。この市場全体の傾向を知りたいときに用いられているのが、よくニュースにもでてくる日経平均株価やTOPIXなどです。これらは、簡単に言えば、代表的な企業の株価を平均したものです。株価という数値の集団を、平均値という一つの数値で代表させています。個々の企業の株価変動をグラフにしてもなかなか市場全体の動向は読み取れませんが、これらの代表値の変化をみれば全体の動向は的確に把握することができます。このような代表値のことを、統計量と呼んでいます。統計量には平均値の他に、標準偏差、中央値、最頻値などがあります。

統計量は1種類の数値データだけを対象にした分析です。株価の平均を計算する際には多くの企業を対象にしていますが、着目しているのは株価の値（1種類の数値データ）だけです。従って、統計量だけでは「株価と為替相場の関連性」といいうような、2種類の数値データの間に見られる相互の関連性をとらえることはできません。このような種類の異なる数値データ間の関係を調べるときに用いられるのが、相関係数や回帰分析と呼ばれているものです。

II部では、「グラフを描く」、「統計量を計算する」、「関係を調べる」の3つのテーマに沿って、

設定された問題を解決するために収集したデータを分析していきます。分析の手順をおおまかにまとめると、以下のようになります。

1. 問題設定　　　　何を問題としているのかを明らかにする
2. データの収集　　設定された問題の解決に必要なデータは何か、そのデータが入手可能か、可能ならどこから入手できるかを検討する
3. データの分析　　設定された問題の解決に必要な分析結果を得る
4. むすび　　　　　何が明らかにされたのかをまとめ、設定された問題が解決または改善されたことを示す

みなさんも最新のデータを使って、一緒に分析を行ってみてください。また、各節の終わりには、「課題」としてさらに検討を加えたい点をあげています。是非これらの問題にも挑戦し、独自の分析を試みてください。

第6章

グラフを描く―家計調査

　数値データはグラフを描くことによって、データがもっている特徴や傾向が把握しやすくなります。ただ、描くグラフによってはその特徴を十分には表現できなかったり、見る人に誤解を与えるようなことも起こりえます。また、グラフには、棒グラフ、折れ線グラフ、円グラフなどさまざまな種類のものがあり、主張したいことを的確に、誤解のないように伝えるためにはどのようなグラフを描くのがよいかは十分検討されなくてはなりません。ここでは、比較的よく使われるグラフを取り上げて、データがもつ特徴を的確に表現するグラフの描き方をみていきます。

　最初に、グラフを描くときの注意点を4つあげておきます。

(1) 図番号とタイトルをつける

　　レポートなどにグラフを掲載する場合、そのグラフについての説明が必ず本文中になければなりません。その説明のなかでグラフを引用するために、グラフには図番号をつけておきます。例えば、「図1に示すように‥」と本文に書いてあれば、読むほうにはどのグラフを見ればよいのかがよくわかります。さらに、何の数値を描いたグラフなのか、何を示すために描いたグラフなのかがわかるようなタイトルを図番号の後につけてください。また、必ずしもタイトル中でなくてもかまいませんが、使用したデータがいつの時点のものであるかもグラフ内に記載しましょう。

(2) 軸の名称を記載する

　　それぞれの軸が何を表しているのかがわかるように、軸の名称を記載します。例えば、軸の目盛が年月日のような表示になっていればわざわざ説明をつける必要はありませんが、単に数値だけが書かれている場合は「年」とか「月」などの軸の項目名称が必要になります。

(3) 目盛の数値の単位を記載する

　　軸の目盛に付けられた数値は、それだけでは単位が「円」なのか、「人」なのかわかりません。また、大きな数値の場合、例えば人数なら一千人とか一万人単位の数値にしてグラフにします。そのような場合は、単に「人」ではなく、「千人」とか「万人」と書いておきま

す。インターネットや文献から入手した元のデータ自体がそのような単位で表示されている場合もありますので、データを収集する時点から単位はよく確認してください。

(4) データの出典を記載する

　　レポートなどにグラフを掲載する場合は、グラフを作成するために使用したデータの出典を示しておかなくてはなりません。文献から入手した場合はその文献名を、データをダウンロードした場合はデータが提供されている URL を必ず掲載しましょう。

では、これらの注意を念頭において、さまざまなグラフを描いてみましょう。

6.1 さまざまなグラフ

グラフを描くために使用するデータは、家計調査から収集します。

家計調査とは、総務省が行う統計調査で、世帯の収入と支出を調べるために毎月実施されています。全国の全世帯（学生の単身世帯を除外）を調査対象としていますが、実際には全部の世帯を調査対象にすることは不可能なため、層化3段抽出法（第1段—市町村，第2段—単位区，第3段—世帯）という方法で全体から無作為に抽出した世帯を対象に、日々の家計上の収入および支出を調査しています。集計結果は、都市別、地域別、その他世帯の特性別（世帯人員別、世帯主の年齢階級別、職業別、年間収入階級別）に分析され、刊行物やホームページ上で速報、月報、年報として公表されています。消費の実態が詳細に把握できることから、景気動向の判断材料や商品の需要予測にも活用されています。

では、総務省統計局のホームページから、家計調査のデータをダウンロードしてみましょう。ここでは「二人以上の世帯」で、特に勤労者世帯を対象にして分析を行ってみます。

6.1.1　変化を見る

時間とともに変化するデータを時系列データと呼んでいます。この時系列データの変化を見るときに用いられるのが折れ線グラフです。数値だけを眺めるより折れ線グラフに表したほうが、変化の様子は明確にとらえられます。「長期時系列データ」の「勤労者世帯の1世帯当たり年平均1か月間の実収入と消費支出」について、1963年から2013年までの変化を折れ線グラフで見てみます（図6.1）。ただし、このデータは「農林漁家世帯を除く結果」となっています。

実収入とは、「世帯主を含む世帯員全員の現金収入(税込み)を合計したもの」です。消費支出は、世帯が購入した商品やサービスに対する支出額です。図6.1を見ると、1970年以降実収入が急激に伸びている様子がよくわかります。消費支出も実収入の伸びとともに増加していきますが、その伸びは実収入より緩やかになっています。そして、実収入、消費支出はともに1997年を境に減少傾向に向かっています。収入の落ち込みに比べて支出は緩やかに減少し、収入が減ってもす

図 6.1　勤労者世帯の 1 世帯当たり年平均 1 か月間の実収入と消費支出（農林漁家世帯を除く）

ぐには消費が縮小していないことがわかります。

このように変化をグラフでとらえ、なぜこのような変化が起ったのか、この変化がまわりにどのような影響を与えているのかなどを検討するのが分析の始まりです。例えば 1997 年以降実収入が減少したのはなぜなのか、1997 年と 2013 年で支出の内容はどう変わったのだろうか、というようなことを調べてみます。

6.1.2　比較をする

ここでは、1997 年と 2013 年の消費支出の内容を比較してみます。このような違いを見る、比較をするなどの場合に適したグラフは、一般的には棒グラフです。1997 年と 2013 年の消費支出を、それぞれの費目ごとに棒グラフに描いてみましょう（図 6.2）。

実収入は 1997 年より 2013 年のほうが減少しているため、当然のことながら費目ごとの支出は大半が減額になっています[1]。ところが図 6.2 を見ると、それでも支出額が増加した費目が 3 つだけあります。それが交通・通信費、光熱・水道費、保険医療費です。交通費は鉄道やバスなどの運賃だけではなく、自動車購入費、ガソリン代なども含まれます。通信費は郵便料や携帯電話の通信料などです。このような内訳を見てみると、交通・通信費の増加の原因はどうも自動車や携帯電話にあるのではないかと予想されます。また、保健医療費の増加は、2003 年に実施された健康保険の自己負担増が主な原因と考えられます。これらの点についての詳細な検討は次節で取り上げてみます。

---

[1] 1997 年と 2013 年では物価が違っています。支出額の変化を調べる場合、消費者物価を考慮した実質値で比較する必要がありますが、ここでは名目値を使用することにします。

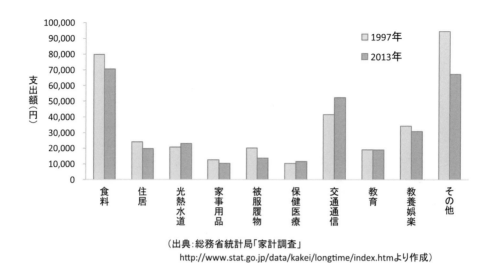

図 6.2 勤労者世帯の1世帯当たり年平均1か月間の消費支出（農林漁家世帯を除く）：1997年と2013年の比較

支出額の差に注目して違いを見るのであれば、差だけをグラフにしたほうが明確になります。図6.3を見ると、図6.2より支出が増加した費目、減少した費目がはっきりと区別できるだけでなく、差がどの程度なのかもよくわかります[2]。

実収入の減少とともに、支出額も減少した費目についても見てみましょう。もっとも減少した

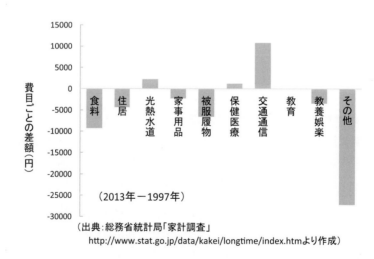

図 6.3 1997年と2013年の消費支出における費目ごとの差額（勤労者世帯:農林漁家世帯を除く）

---

[2] 全国平均の消費者物価指数（持家の帰属家賃を除く総合指数）は、2010年を100とした場合、1997年が103.7、2013年は100.2です。2013年のほうが物価は下がっていますので、図6.3のグラフは実際よりプラス側が縮小され、マイナス側は拡大されています。

6.1　さまざまなグラフ

支出はその他の費目で、食料費、被服及び履物費がこれに続きます。その他とは、交際費、こづかい、仕送り金、理容・美容、たばこなどで、収入の減少により真っ先に削減されそうなものがかなり多く含まれています。ただ、その次に大きく減少した費目が食料費になっています。被服及び履物費よりも、食料費が減少しているのはなんとなく気になります。そのあたりも次節でもう少し検討してみましょう。

6.1.3　比率を見る

1997年と2013年の消費支出において、ほとんど差が見られなかった費目が教育費です。しかし、実収入が減ったなかで支出額が同じというのは、逆に負担が大きくなったと解釈したほうがよいのではないでしょうか。1997年と2013年では消費支出の総額が異なるのですから、費目ごとに見た差額がいくらという比較より、消費支出全体に占める比率（構成比）で各費目の支出額を比較するほうが適切かもしれません。

比率を表すグラフでよく用いられるのが円グラフです。1997年と2013年の消費支出における各費目の構成比を、図6.4に円グラフで描いてみます。それぞれの費目の支出が消費支出全体に占める割合を考慮しつつ、それが1997年と2013年でどう違っているのかを見ることができます。先ほどの教育費の構成比は、支出全体に占める割合は低いのですが、2013年のほうが約0.6ポイント増加しています。金額は1997年と2013年でほとんど変化はありませんが、家計への負担は増大していることがわかります。

1997年と2013年の変化を見るということなら、図6.5のような100％積み上げ横棒グラフに

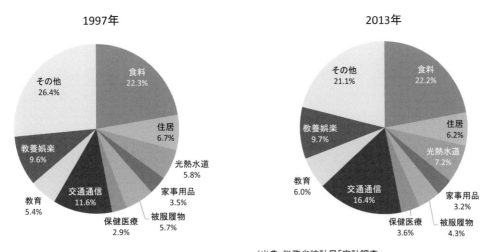

図 **6.4**　1997年と2013年の消費支出における各費目の構成比の円グラフ（勤労者世帯：農林漁家世帯を除く）

表すのも一つの方法です。図 6.5 で示しているように、グラフ中に支出額も併記すると差額も把握できます。費目ごとの差を比較することが目的なら、円グラフより費目同士が隣接する形で表現できる図 6.5 のほうが適しているかもしれません。何を強調したいのか、それによって描くグラフが異なってきます。

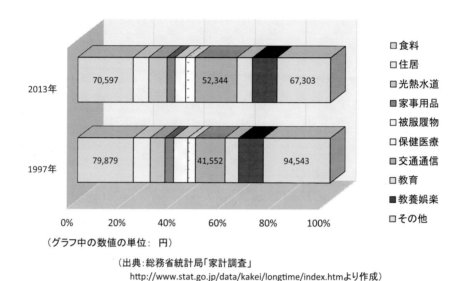

図 6.5　1997 年と 2013 年の消費支出における各費目の構成比の横棒グラフ（勤労者世帯:農林漁家世帯を除く）

　図 6.3 と同様に、1997 年と 2013 年の各費目の構成比の差をグラフにしてみます（図 6.6）。やはり 2013 年のほうが増加した費目、減少した費目がはっきりと示され、交通・通信費の突出振りが明確に表されています。ここで注目したいのは、支出額が減少した費目です。構成比で見ても減少幅が最大になったのは、その他の消費支出の費目です。ところが、2 番目は被服及び履物費で、3 番目が住居費、4 番目が家具・家事用品費、その次に食料費となっています。食料費は金額が大きいので、2013 年と 1997 年の差額もかなりの額になります。でも、構成比ではそれほどの差は見られません。反対に、被服及び履物費は支出額が少ないため図 6.3 ではあまり減少幅は大きくなかったのですが、構成比で見るとかなり減っています。構成比からは、「食」よりも「衣」を切り詰めたことがわかります。

　家計調査のデータを用いて、折れ線グラフ、棒グラフ、円グラフを描き、データの特徴をいくつか示しました。さらに理解を深めるために、最新のデータでこれらのグラフを作成し、どのような特徴がとらえられるのかを分析してみてください。

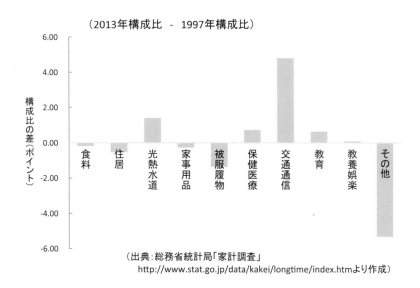

図 6.6 1997 年と 2013 年の消費支出における各費目の構成比の差（勤労者世帯:農林漁家世帯を除く）

6.2 実収入の減少がもたらす消費支出の変化

前節の分析をもとにして、1997 年と 2013 年の消費支出の内訳について、さらに詳細な比較をしてみます。

6.2.1 問題設定：1997 年と 2013 年の消費支出の比較

1963 年から 2013 年までの勤労者世帯（農林漁家世帯を除く）の 1 世帯当たり年平均 1 か月間の実収入を見ると、1997 年の 595,214 円が最も多く、その後 2003 年までは一気に減少しています。2003 年以降は増減を繰り返していますが、全体としては緩やかな減少傾向です（図 6.1）。

1997 年は、アジア通貨危機が世界経済に大きな打撃を与えた年です。ニューヨークや東京の市場での株価急落が世界へ波及し、証券会社、銀行などが相次いで破綻したという大変な年でした。また、消費税の税率が 3% から 5% へ引き上げられた年で、収入が減少するなか消費も落ち込んでいきます。

2002 年 2 月から 2008 年 2 月までの 6 年 1 か月は、「いざなみ景気」と呼ばれる景気の拡大期でした。経済成長が著しい中国の需要拡大にともなって、輸出関連産業が売り上げを伸ばしたことが景気拡大の要因と言われています。「いざなみ景気」は高度経済成長期の「いざなぎ景気」を超える戦後最長の好景気とされていますが、実収入は増加するどころか緩やかな減少となっています。「賃金なき回復」、「賃上げなき回復」と呼ばれた根拠がここからも読み取れます。さらに、2008 年 9 月のリーマン・ショック、2011 年 3 月の東日本大震災で、実収入も消費支出も落ち込んでいきます。好景気と言われるほどの景気回復は認められず、減給やリストラによる転職で勤労

者世帯の実収入は減少するばかり、これが現状のようです。しかし、収入が減っても簡単には減らせない支出も多く、どこを削減して収支のバランスをとるのかは、どの世帯においても大変難しい問題です。そこで、家計調査のデータをもとに、勤労者世帯の消費支出が実収入の減少によってどう変化したかを検討してみることにします。

なお、分析は費目ごとの構成比を用いて行います。実収入が5％減少してもすべての費目の支出額が一律5％ずつ減少すれば、減収の前後における構成比は変わらず、消費支出に変化がなかったと解釈できます。しかし、実際はそのようなことにはならず、収入が減っても減らせない支出もたくさんあり、それが原因で収入が減った以上に縮小してしまう支出もでてきます。構成比を比較することは、このような違いを見出すことであり、この違いを1997年と2013年で検討するのがこの節の目的です。

6.2.2　データの収集：家計調査

6.1で用いたデータは、「1世帯当たり年平均1か月間の収入と支出 － 二人以上の世帯のうち勤労者世帯（農林漁家世帯を除く）」で、食料費や住居費のような大分類（10大費目分類）で集計されたものでした。1997年と2013年の消費支出についてより詳細な分析を行うためには、これらの費目の内訳が必要です。たとえば、交通・通信費は交通費、自動車等関係費、通信費に分類（中分類）され、さらにこれらはバス代、自動車購入費、郵便料など細かく分類（小分類）されています。交通・通信費の増加の原因はどこにあるのかという検討をするには、これらの細かい分類の支出額が必要となります。

さらに、1997年と2013年の消費支出の比較をする場合、集計の対象となった世帯が異なっていたのでは正確な比較が行えません。6.1で用いたデータは、「二人以上の世帯のうち勤労者世帯（農林漁家世帯を除く）」です。ということは、1997年と2013年の細かい分類の支出額も、この世帯を対象として集計されたものでなければなりません。

ところが、総務省統計局のホームページを見ると、2008年1月以降「二人以上の世帯における農林漁家世帯を除く結果表」は原則として廃止されたことが報じられています。ただ、よく見ると、「結果利用の観点から限られた系列のみ農林漁家世帯を除く結果を引き続き公表する」という但し書きがついています。幸い、今回の分析に必要なデータは、この限られた系列に含まれていますので、ここでは1997年と2013年の消費支出の比較を勤労者世帯（農林漁家世帯を除く）のデータを用いて分析することにします。

最初に、中分類の項目で集計されたデータを収集します。1997年の「1世帯当たり年平均1か月間の収入と支出 － 二人以上の世帯のうち勤労者世帯（農林漁家世帯を除く）」についての詳細なデータ（中分類）は、総務省統計局のホームページにある「家計調査年報」に掲載されています。ここには2000年以降の年報しかありませんが、いずれの年報にも過去のデータが含まれていますので、1997年が含まれている年報を選んでください。なお、各年報に掲載されている過去の

6.2 実収入の減少がもたらす消費支出の変化

データは、2000年以前のみ農林漁家世帯を除く結果で、2000年以降は農林漁家世帯を含んでいます[3]）。したがって、この年報に2013年のデータが記載されていても、ここでの分析には利用できませんので注意してください。

2013年の「1世帯当たり年平均1か月間の収入と支出 － 二人以上の世帯のうち勤労者世帯（農林漁家世帯を除く）」についての詳細なデータ（中分類）は、「家計調査（家計収支）」「詳細結果表」の2013年の「3-3 世帯主の職業別（全国・都市階級）」に別掲として掲載されています。これが先の「限られた系列のみ公表する」とされたデータです。少々見つけにくいですが、情報収集の力を発揮して探してみましょう。

次に、さらに細かく分類（小分類）されたデータを収集します。家計調査では、消費支出は「用途分類」と「品目分類」の二通りの方法によって集計されています。たとえば食料品を購入したとします。これを世帯で消費した場合は食料費、贈答用として購入した場合はその他の消費支出の交際費に分類するのが「用途分類」です。これに対し、用途は何であれ食料品ということで食料費に分類するのが「品目分類」です。郵便料や携帯電話の通信料のような細かい分類（小分類）は「品目分類」の統計表にしか集計結果が掲載されていません。また、「品目分類」は1か月間の支出額ではなく年間の支出額として集計されていますので注意が必要です。

2013年の「二人以上の世帯のうち勤労者世帯（農林漁家世帯を除く）」の消費支出における細かい分類（小分類）のデータは、詳細結果にある2013年の品目分類「4-1 全国 勤労者世帯（農林漁家世帯を除く結果）」に掲載されています。これも「限られた系列のみ公表する」とされたデータです。内容を見ると「二人以上の世帯のうち勤労者世帯（農林漁家世帯を除く）」となっていますので、1997年のデータとの比較に用いても問題はなさそうです。これも、少々見つけにくいですが探してみてください。

なお、1997年の勤労者世帯の細かい分類（小分類）のデータは、総務省統計局のホームページには掲載されていません。このような過去のデータは、最寄りの図書館などに出向き出版物としての『家計調査年報』から取得してください。

さて、すべてのデータを取得したら分析に取り掛かりましょう。分析は構成比を用いて行いますので、費目ごとに消費支出に対する構成比を計算してください。

6.2.3 支出が増加した費目

図6.6を見ると、構成比が1997年より増加した費目は、交通・通信費、光熱・水道費、保健医療費、教育費、教養娯楽費の5費目です。構成比が最も大きく増加したのは、交通・通信費です。前節で「交通・通信費の増加の原因はどうも自動車や携帯電話にありそう」だと推測したのですが、果たしてそれは事実なのでしょうか。

交通・通信費の内訳を、もう少し詳しく見てみます（図6.7）。やはり、1997年より2013年の

---
[3]) 2000年は農林漁家世帯を含む、除くの両方の結果が記載されています。

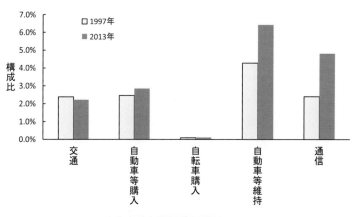

(出典：総務省統計局「家計調査」
http://www.stat.go.jp/data/kakei/2.htmより作成)

図 6.7　1997 年と 2013 年の交通・通信費の品目別構成比（勤労者世帯：農林漁家世帯除く）

ほうが増加しているのは通信費と自動車等維持費で、特に通信費が著しく増加しています。そこで、通信費をさらに分析してみることにします。2013 年の通信費の細かい分類（小分類）のデータはすでに取得していますが、「データの収集」で説明したように 1997 年のデータはありません。そこで、1997 年のデータは『家計調査年報』平成 9 年版にあたり必要な数値を入手することにします。それが表 6.1 の支出額です。先に説明したように、品目分類は年間の支出額になっていますので、構成比も年間の消費支出に対する割合で計算します（1997 年の「勤労者世帯：農林漁家世帯除く」の年間消費支出は 4,291,633 円です）。また、移動電話通信料は 2000 年から、移動電話費は 2002 年から集計されているため、1997 年はそれぞれを合算した金額になっています。表 6.1 の構成比の欄は、みなさんで計算してみてください。

構成比のグラフの図 6.8 を見ると、2013 年の固定電話・移動電話通信料は、1997 年の固定電話通信料よりもかなり多くなっています。予想したとおり、通信費の大幅な増加はこの移動電話

表 6.1　1997 年と 2013 年における年間の通信費（勤労者世帯：農林漁家世帯除く）

	支出額（単位：円）		構成比	
	1997 年	2013 年	1997 年	2013 年
郵便料	6,405	4,595		
固定電話通信料	85,934	30,824		
移動電話通信料		140,641		
運送料	7,445	3,991		
移動電話	3,441	3,305		
他の通信機器		941		

（出典：1997 年は総務省統計局『家計調査年報』平成 9 年版
2013 年は「家計調査」http://www.stat.go.jp/data/kakei/2.htm より作成）

6.2 実収入の減少がもたらす消費支出の変化

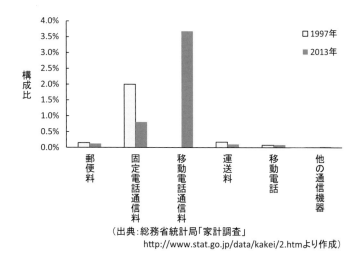

図 **6.8** 1997 年と 2013 年の通信費（年額）の品目別構成比（勤労者世帯：農林漁家世帯除く）

通信料によるものだということがわかります。実収入が年々減少し支出がどんどん縮小に追い込まれていくなかで、携帯電話の通信料がここまで増加していることは大変特異な現象と言えます。それだけ携帯電話は消費者にとって魅力的な商品と言えるのかもしれません。

次に、自動車等維持費を見てみましょう。通信費と同様、1997 年の自動車等維持費のデータは『家計調査年報』平成 9 年版から入手しています。参考のため、1997 年と 2013 年の数値を表 6.2 に載せておきます。

図 6.9 を見ると、ガソリンが 1997 年より構成比でみてもっとも増加し、次が自動車保険料（任

表 **6.2** 1997 年と 2013 年における年間の自動車等維持費（勤労者世帯：農林漁家世帯除く）

	支出額（単位：円）	
	1997 年	2013 年
ガソリン	56,275	96,687
ガソリン（数量：単位リットル）	560.5	646.0
自動車等部品	9,822	18,273
自動車等関連用品	8,720	15,677
自動車整備費	24,007	22,119
自動車以外の輸送機器整備費	1,406	882
駐車場借料	28,876	28,044
他の自動車等関連サービス	11,028	10,721
自動車保険料（自賠責）	8,895	10,099
自動車保険料（任意）	34,305	43,254
自動車保険料以外の輸送機器保険料	1,026	551

（出典：1997 年は総務省統計局『家計調査年報』平成 9 年版
2013 年は「家計調査」http://www.stat.go.jp/data/kakei/2.htm より作成）

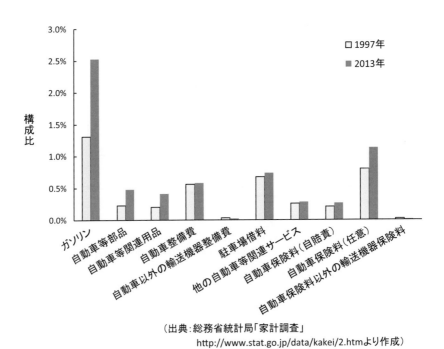

(出典：総務省統計局「家計調査」
http://www.stat.go.jp/data/kakei/2.htmより作成)

図 6.9 1997 年と 2013 年の自動車等維持費（年額）の品目別構成比（勤労者世帯：農林漁家世帯除く）

意）です。表 6.2 を見ると、ガソリンは購入量の増加よりも支出額のほうが増えています。このことから、購入量の増加と単価の上昇の両方で構成比が増加していることがわかります。ガソリンの購入量の増加を世帯が保有する車の台数の増加と見れば、任意保険料の増加は保有台数増加に伴うものと考えられます。確かめてみましょう。5 年ごとに実施されている「全国消費実態調査」に、1000 世帯当たりの主要耐久消費財の所有数量が掲載されています。ここに世帯が保有する自動車の台数があり、1994 年（平成 6 年）の 1.302 台が 2009 年（平成 21 年）には 1.414 台に増加しています。毎年の調査は国土交通省のホームページで、「運輸白書」（平成 12 年度まで）、「国土交通白書」（平成 13 年度以降）に自動車保有車両数があります。世帯ごとの集計ではありませんが、1997 年度（平成 9 年度）の自家用自動車（普通車・小型車）は約 4,102 万台、最新の 2012 年度（平成 24 年度）では約 3,977 万台です。この数値を見ると保有車両数は減少していますが、これに軽四輪車の車両数を加えると、約 4,843 万台と約 5,912 万台で一挙に逆転します。小型車から燃費のよい軽四輪車に移行が進むなかで、全体としては保有台数を増やしたことがわかります。これらから考えると、自動車等維持費の増加は保有台数の増加によるものとみてもよさそうです。

次に、保健医療費についても詳細を見てみます（図 6.10）。構成比の値が最も増加したのは保健医療サービスで、これは診療代です。前節で、「保健医療費の増加は、2003 年に実施された健康保険の自己負担増が主な原因と考えられます」と書きましたが、まさにその通りと言えます。次に増加しているのは健康保持用品摂取品です。これは健康増進のための食品で、青汁やプルーン

6.2 実収入の減少がもたらす消費支出の変化

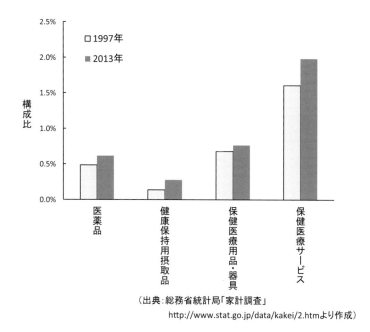

図 6.10　1997 年と 2013 年の保健医療費の品目別構成比（勤労者世帯：農林漁家世帯除く）

エキス食品などが含まれます。診療代は仕方なく増えた支出ですが、健康保持用摂取品は健康増進への関心が増したことで自ら好んで支出を増やしたものと考えられます。

最後に、光熱・水道費についても詳細について見てみましょう。図 6.11 を見るとすべてが増加しています。電気代、上下水道料、ガス代という公共料金が軒並み増加しており、保健医療サー

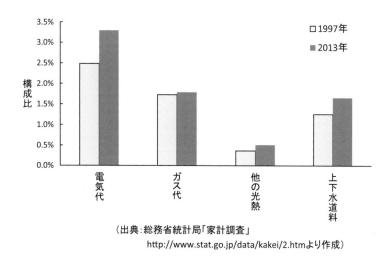

図 6.11　1997 年と 2013 年の光熱・水道費の品目別構成比（勤労者世帯：農林漁家世帯除く）

ビスと同じく仕方なく増えた支出がここにもありました。

1997年と2013年の消費支出の比較で最も構成比が増加したのは、携帯電話を含む電話通信料で2.48ポイントも増えています。それについで増加したのがガソリンで、1.22ポイントの増加です。ガソリンは価格の上昇によるところもありますが、自動車の保有台数も増加していることを考えると、携帯電話、自動車はともに実収入が減少しても支出を増やすほどの魅力的な商品と考えられます。その一方で、保健医療サービスは0.38ポイント増、電気代は0.81ポイント増、上下水道料は0.40ポイント増と、料金値上げに伴って仕方なく増えた支出が重くのしかかっています。自ら好んで増やした支出、仕方なく増えた支出、いずれにしても増加であり、そのしわ寄せは必ずどこかにあるはずです。さて、どのような費目にしわ寄せがいっているのでしょうか。今度は支出が減少した費目について見てみます。

6.2.4 支出が減少した費目

図6.6を見ると、構成比が1997年より大きく減少した費目は、その他の消費支出と被服及び履物費です。最初に、最も大きく減少したその他の消費支出について見てみます。

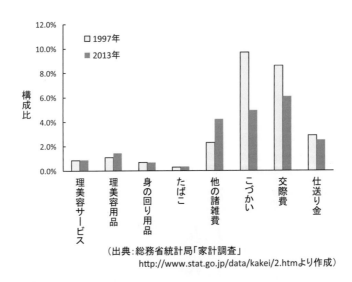

図 6.12 1997年と2013年のその他の消費支出の品目別構成比（勤労者世帯：農林漁家世帯除く）

その他の消費支出の1997年と2013年の品目別構成比を比較してみると、こづかい、交際費が大幅に減少し、他の諸雑費が増加しています（図6.12）。こづかいは4.75ポイントも減少しています。交際費も2.53ポイント減少し、その他の消費支出の減少はほぼこの2つの費目によるものです。一方で、他の諸雑費が1.94ポイントも増加しています。他の諸雑費を詳しく見てみると、非貯蓄型保険料（各種掛け捨て保険の保険料）が1.77ポイント増と大幅な増加をし、他の諸雑費

6.2 実収入の減少がもたらす消費支出の変化

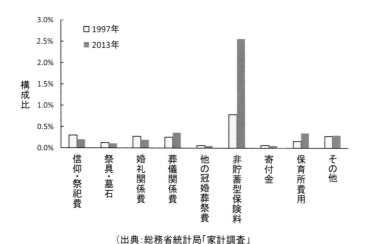

図 6.13　1997年と2013年の他の諸雑費（年額）の品目別構成比（勤労者世帯：農林漁家世帯除く）

の増加はほとんどこの保険料によるものであることがわかります（図 6.13）。収入が減少するなかで、掛け捨ての保険がここまで浸透したことは注目に値するといえます。なお、1997年の他の諸雑費の品目別支出額も『家計調査年報』から取得しなければなりませんので、参考のため表 6.3 に載せておきます。ただし、1997年の年報には、非貯蓄型保険料は損害保険料と表示されています。2005年に損害保険料から非貯蓄型保険料に名称変更がなされましたが、項目の内容には変わりがありません。

次に、被服及び履物費について見てみます。図 6.14 を見ると、履物類の横ばいを除けばすべてで構成比が減少しています。そのなかでも、特に洋服が0.54ポイントも減少となっています。ファ

表 6.3　1997年と2013年における年間の他の諸雑費（勤労者世帯：農林漁家世帯除く）

	支出額（単位：円）	
	1997年	2013年
信仰・祭祀費	12,881	7,670
祭具・墓石	5,352	4,130
婚礼関係費	11,755	7,353
葬儀関係費	10,902	13,781
他の冠婚葬祭費	2,664	2,047
非貯蓄型保険料	33,694	97,896
寄付金	2,784	2,182
保育所費用	6,922	13,527
その他	12,094	11,568

（出典：1997年は総務省統計局『家計調査年報』平成9年版
2013年は「家計調査」http://www.stat.go.jp/data/kakei/2.htm より作成）

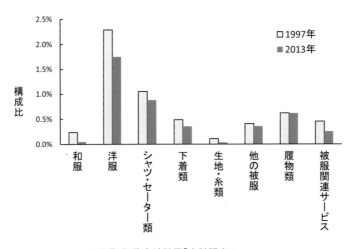

図 6.14 1997 年と 2013 年の被服及び履物費の品目別構成比（勤労者世帯：農林漁家世帯除く）

ストファッションのような低価格の衣料品が大量に出回るようになったことも減少の一因と考えられますが、シャツ・セーター類、下着類の減少はそれほど大きくないことから、やはり収入が減少するなか洋服も節約の対象となったと解釈してよさそうです。

6.2.5 むすび

　勤労者世帯 1 世帯当たり年平均 1 か月間の実収入は、1997 年がピークでそれ以後は減少し続けています。1997 年と 2013 年の消費支出を構成比で比較すると、実収入が減少しても支出が増加したのは、携帯電話通信料や自動車等維持費に見られるような自ら好んで増やしたと考えられるものと、診療代や公共料金のように仕方なく増えたものがあります。

　一方、減収とともに支出も縮小したのは、こづかい、交際費、洋服などで、ゆとりのない生活に追い込まれている様子が伺われます。今後、増税や医療・年金の保険料値上げなどによりさらに減収が続けば、自ら好んで支出を増やしたものまで減らさざるを得なくなるでしょう。そうなれば、不況のなかでも拡大してきた携帯電話のような市場が衰退することになり、経済活動はさらに収縮していく可能性が高くなります。このような悪循環に陥らないためにも、できるだけ実収入が減少しないように、また仕方なく増える支出をできるだけ少なくするように、負担の公平さも含めて考えなくてはならないのではないでしょうか。

課題

　家計の消費の分析は、経済の動向を見るためのとても重要な情報を数多く提供してくれます。ここで取り上げたのはそのほんの一部ですので、最新データに基づいてさまざまな視点からの分析を試みてください。以下にいくつかの問題点をあげておきますので、レポートの参考にしてください。

1. 実収入の減少が、食料費に与える影響はあるのでしょうか。食料費は比較的減収による影響は受けにくいとされていますが、調理食品や外食などに注目すると変化が見られるかもしれません。また、教育費についても調べてみてください。これも減収の影響は少なそうですが、詳細な検討が必要でしょう。

2. 家計調査には、全世帯、勤労者世帯、単身世帯を対象にした集計結果があります。さらに、都道府県別、年間収入階級別、世帯主の年齢階級別など、さまざまな分類による集計結果も掲載されていますので、これらを対象にして分析を行い比較してみましょう。

第7章

統計量を計算する—地方財政

　第6章では、グラフを描くことにより、数値データがもっている分布の特徴を視覚的にとらえることを試みてきました。しかし、分布の特徴をより正確にとらえるには、その特徴を数値で表すほうが適しています。そのために用いられるのが統計量で、統計量を計算することで特徴をより客観的にとらえることも可能になります。

7.1 統計量

　基本的な統計量には、分布を代表する値（代表値）と散らばりを表す値の2種類があります。代表値には、平均値、中央値（メジアン）、最頻値（モード）があり、散らばりを表す値には範囲、分散、標準偏差などがあります。

7.1.1 代表値

　代表値のなかで、最もよく知られているのが平均値です。テストの点数がよかったのか悪かったのかは、平均点がどれくらいかによります。同じ90点でも、平均が50点のときの90点と、平均が80点のときの90点では評価が大きく違います。平均値という情報を得ることで全体の様子が把握でき、90点の評価の見当がつけられるようになるわけです。平均値はすべてのデータ x_i の合計をデータ数 n で割ったもので、計算式は次式のように表されます。

$$\bar{x} = \frac{1}{n}\sum_{i=1}^{n} x_i = \frac{1}{n}(x_1 + x_2 + \cdots + x_n)$$

　中央値（メジアン）は、データを数値の大きさの順に並べたとき、ちょうど真ん中にあたる数値です。最頻値（モード）は最も頻繁に出現する数値です。
　なぜ、代表値が3つもあるのでしょうか。代表する値なら1つで十分なのでは？と思われるかもしれません。2つの例で、これらの値が何を表しているかを考えてみましょう。
　1つ目の例は、法科大学院全国統一適性試験の結果です。公益財団法人日弁連法務研究財団が、

2013年の法科大学院全国統一適性試験の実施結果を公表しています。これによると、この試験の受験者数は4792人です。300点満点で、平均は171.7、得点の度数分布から中央値は173.5、最頻値は175.5です。3つの代表値はほぼ170点台前半あたりの値なので、これでは3つも必要ないということになります。

2つ目の例は、世帯の貯蓄現在高です。総務省統計局によると、2013年の2人以上の世帯の貯蓄現在高の平均値は1739万円、中央値は1023万円です。平均値と中央値は同じではなく、716万円も中央値のほうが下回っています。中央値は、順番に並べたときちょうど真ん中にくる値です。すなわち、この値を境にして、それ以上とそれ以下のデータ数がまったく同じということです。その中央値が平均値を下回っているということは、平均値以下の世帯が50％以上あるということになります。実際、貯蓄現在高が平均値を下回る世帯は68.0％で、貯蓄現在高の少ないほうへ偏った分布になっています。また、貯蓄現在高が0円から100万円未満の階級に属する世帯が10.0％もあります。これがもっとも度数が多い階級で、最頻値となります。すなわち、貯蓄現在高の分布は貯蓄額の少ないほうへ偏った分布であるとともに、L字型のような分布であることもわかります。

法科大学院全国統一適性試験の得点分布は、平均値のあたりがもっとも多く、それ以上、それ以下が次第に減少していく釣鐘型のような分布です。この場合は、平均値、中央値、最頻値の3つの代表値はほぼ一致します。しかし、貯蓄現在高のような偏りをもった（非対称）分布は、平均値、中央値、最頻値の3つの代表値を示すことで、分布がどのような偏りをもっているかをとらえることができるのです。

7.1.2　散らばりを表す値

テストの平均が50点のときの90点は一見高い評価が得られそうですが、一概にそうとは言えません。100人が受験した（A）、（B）2つのテストの結果が次のような場合を例にして、90点の評価を見てみましょう。

（A）　10点が50人、90点が50人
（B）　10点が1人、50点が98人、90点が1人

（A）の場合の90点は飛び抜けてよい成績とはいえませんが、（B）ではとてもよい成績ということになります。どちらも平均は50点ですが、90点の評価は大きく違ってきます。平均だけを見ていたのではとらえられないこの違いを数値で表したものが、分散または標準偏差と呼ばれているものです。分散はどの程度データが散らばっているかをみる統計量で、次式で計算されます。

$$s^2 = \frac{1}{n}\sum_{i=1}^{n}(x_i - \bar{x})^2 = \frac{1}{n}\left((x_1 - \bar{x})^2 + (x_2 - \bar{x})^2 + \cdots + (x_n - \bar{x})^2\right)$$

（A）の分散は1600ですが、（B）は32です。散らばり具合は、（B）のほうがずっと小さいということになります。分散は各データ x_i と平均 $\bar{x}$ の差を2乗して計算していますので、分散の平

方根を求めることで元のデータと同じ単位にすることができます。これを標準偏差と呼んでいます。(A) の標準偏差は $\sqrt{1600}$ で 40 点となり、各データと平均との差に一致します。

よく用いられる統計量に、最大値、最小値があります。この最大値と最小値の差（最大値－最小値）が範囲と呼ばれる統計量で、これも散らばりを表す値です。ただし、上記の (A)、(B) 2 つのテストの場合、どちらも範囲は 80 点で、両者の違いは範囲ではとらえることはできません。

7.1.3 ヒストグラム

総務省統計局に、2010 年（平成 22 年）における国勢調査の「都道府県・市区町村別統計表」があり、そこに全国市町村の 2005 年（平成 17 年）～2010 年（平成 22 年）の人口増減率のデータが掲載されています。これによりますと、2010 年の全国の市町村数は 1728 となっています。大量というほど多いデータ数ではありませんが、ここまでで扱ってきたデータからみれば、かなりデータ数が多いといえます。このデータがもつ特徴をグラフで表現するには、どのようにすればよいのでしょうか。多分、1000 数百本もの棒グラフを描いても、分布の特徴は見えてこないでしょう。

そこで、まずは基本的な統計量を計算してみます（表 7.1）。人口の増加率がもっとも大きかったのは、三重県朝日町（あさひちょう）の 35.31 ％です。朝日町の公式サイトを見ると、面積は $5.99 km^2$ で三重県で面積が一番小さい自治体です。そこに、2005 年から 2008 年にかけて大規模な宅地開発が行われ人口が急増しました。これが増加率最大の原因と考えられます。逆に、減少率がもっとも大きかったのは、奈良県野迫川村（のせがわむら）の –29.48 ％です。山間部に位置し非常に交通の便が悪い地域のため、2005 年の 743 人から 2010 年には 524 人になり、219 人も減少しました。野迫川村は奈良県でもっとも人口の少ない自治体で、そこで 200 人以上も減少したことが全国最大の減少率をもたらしました。これ以上の人口流出を防ぐために村は対応策に乗り出したようですので、2015 年の国勢調査では減少率最大の自治体ではなくなるかもしれません。

このような極端な人口の増減は、全体としてみればごくまれな事例のようです。そう判断する理由を説明する前に、統計量のなかで計算した標準偏差が何を表しているのかを説明しましょう。

表 7.1　全国市町村の 2005 年～2010 年の人口増減率（％）

平均	-3.54
分散	27.43
標準偏差	5.24
中央値（メジアン）	-3.83
最小	-29.48
最大	35.31
範囲	64.79

（出典：総務省統計局「国勢調査」
http://www.e-stat.go.jp/SG1/estat/ より作成）

7.1 統計量

このデータでは、平均値が -3.54 %で、標準偏差が 5.24 %となっています。（平均値－3倍の標準偏差）と、（平均値＋3倍の標準偏差）の値を計算すると、-19.25 %と 12.18 %になります。全国の 99.73 %にあたる市町村の人口増減率がこの範囲内に収まるとして、ここから外れた人口増減率は非常に特異なデータと判断されます。なぜ 99.73 %のような数値が出てくるのか不思議に思われるでしょう。もちろん、このようなことが正確に何にでも当てはまるわけではありません。また、実際は必ずしも 99.73 %の市町村がこの範囲内に入るとは限りません。これが当てはまるのは、分布が正規分布[1]であるという条件が付いている場合だけです。しかし、データ数がある程度多ければ、「ほぼそれに近い数の市町村がその範囲内に入るとみてよいでしょう」ということなのです。実際に、人口増減率が -19.25 %から 12.18 %の範囲に入っている市町村の数は 1712 となり、総数 1728 の約 99.07 %にあたります。そのため、最小値の -29.48 %や最大値の 35.31 %は非常に特異な事例だと判断できます。また、正規分布では（平均値－標準偏差）から（平均値＋標準偏差）の範囲内には全データの 68.27 %が含まれるのですが、この人口増減率のデータでも 72.11 %がこの範囲内に入っています。

過去の国勢調査をもとに、人口増減率の標準偏差を比較してみましょう。1995年から2000年では 5.32 %、2000年から2005年では 4.78 %、そして2005年から2010年は 5.23 %です。この間、1999年から始まった平成の大合併により、市町村数は 3229、2214、そして 1728 と大幅に減少しました。その合併がピークに達していた2000年から2005年の標準偏差の値は、前回調査より減少しています。すなわち、ばらつきが少なくなったことを表しています。しかし、2005年から2010年は、1995年から2000年の標準偏差とさほど変わりがありません。縮小したばらつきが拡大し、合併前とほぼ同じになったことがわかります。少子高齢化に対応した行政の整備を目的として合併が政策として行われたのですが、市町村数がほぼ半減しただけで、人口の増加や減少は拡大したといえます。ばらつきを表す標準偏差によって、このような比較も可能になります。

最後に、ここで計算した平均値について、補足をしておきます。人口増減率の平均値は -3.54 %ですが、これは全国の人口増減率にはなりません。例えば、ある村の2005年の人口が100人で、2010年までの5年間に1人増加したとします。人口増減率は、1 %です。別の村では、2005年の人口が1000人で、2010年までの5年間に50人増加したとします。人口増減率は、5 %です。1 %と 5 %を単純に平均すると 3 %ですが、2つの村を合わせた全体では、2005年の人口が1100人で増加は 51 となり人口増減率は約 4.6 %です。増減率を計算する分母の人口がそれぞれの村で異なるため、単純に増減率を平均した値は意味をもたなくなってしまうのです。これに類した誤りを犯したレポートは、たくさん見受けられます。労苦が無に帰さないよう、注意を払いながら分析してください。

さて、統計量でデータの分布の特徴をとらえた後は、ヒストグラムを描いて視覚的に分布を表してみましょう。人口増減率の最小値から最大値の範囲を、いくつかの階級に区分します。その階級の範囲内に入るデータの数（度数分布）をグラフに表したものが、ヒストグラムです。全国

---

[1] 図7.2のような釣鐘型の分布を正規分布といいます。

市町村の人口増減率を、図7.1に示します。この増減率のように、連続した数値で与えられるデータのヒストグラムは、階級の間を空けない棒グラフで描いてください。

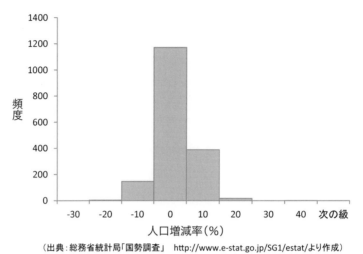

（出典：総務省統計局「国勢調査」 http://www.e-stat.go.jp/SG1/estat/より作成）

図 7.1　全国市町村の 2005 年～2010 年の人口増減率-1

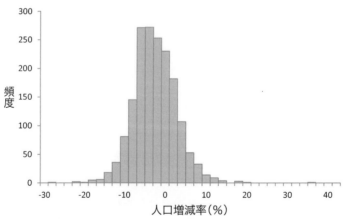

（出典：総務省統計局「国勢調査」 http://www.e-stat.go.jp/SG1/estat/より作成）

図 7.2　全国市町村の 2005 年～2010 年の人口増減率-2

図7.1では、−30％から40％までを10％ごとに区分しているのですが、−10％から0％までの間に1000件以上ものデータが含まれています。これでは分布がどのようになっているのか、よく理解できません。そこで−30％から40％までを2％ごとに区分してみます（図7.2）。図7.1より分布の様子が明確になりました。よくみると、人口が減少している市町村のほうが多くなっています。ちなみに、中央値は−3.83％で、平均値の−3.54％を下回っていますので、負の側に

偏っていることが統計量からもわかります。

さて、市、町、村ごとにそれぞれ人口増減率のヒストグラムを描くと、分布はどのようになるのでしょうか。それらを比較したとき、どのような特徴が見えてくるのか気になるところです。また、(平均値－3倍の標準偏差) 以下の市町村や、(平均値＋3倍の標準偏差) 以上の町村は特異な事例です。このような町村では、なぜ急激な変化が起こったのか、その要因を検討してみるのも興味深いと思います。ぜひ試みてください。

7.2 地方財政を分析する

地方財政統計をもとに、統計量による分析を行ってみましょう。

7.2.1 問題設定：地方の歳入・歳出の分析

7.1.3節で見たように、地方の人口減少はかなり進んできています。少子化対策も出生数の増加につながっていない現状では、将来の人口がさらに減少するという負の連鎖に陥りかねません。そのうえ、人口の減少した地域では、働く場のない若者が都市へ流出することによって、減少により拍車がかかるという指摘もあります。このような地域では、最低限の住民サービスを提供する税収さえ見込めなくなります。

「地方にできることは地方に」という原則に基づき、中央集権型の行財政システムが「地方主権」のシステムへと移行されてきました。中央集権型では、地域の状況が十分に把握できないため施策も画一的になりがちです。公共事業および福祉、教育などのサービスは、その地域の実情が反映されなければ無駄なものがたくさん提供されるということになりかねません。財政が悪化するなかでは、そのような余裕はもはやありません。本当に住民が必要とする、実情に即した施策を行うとすれば、必然的にそれは地域によってそれぞれ異なったものになるはずで、そういう施策は「地方主権」でなければ実施できないと思われます。

「地方主権」の主体は地方政府ではなく、その地域の住民です。住民がそれぞれの地域の実情に即したサービスを多くの選択肢の中から選んでいくという主体性を持たない限り、中央集権型が、いわば地方政府集権型に変わるだけです。住民一人一人が自分たちの納めた税金をどう活用して地域を活性化させていくのか、どのような地域社会を目指していくのかを考えなくてはならないのです。そのためには、自分の住む地域の財政が今どういう状態にあり、どのようなものに税金が使われているのかを知る必要があります。当然のことながら、地方政府は財政に限らずあらゆる情報を住民に公開する義務を負うわけです。「地方主権」へ移行するということはこのように住民や地方政府のあり方が大きく変わらなくてはならないことを意味しているのですが、その認識が住民にも地方政府にも少し欠けているような気がします。そこで、地方財政の現状を理解するために、それぞれの地方の歳入・歳出を分析してみることにします。

7.2.2　データの収集：地方財政統計

　住民の意思を反映する地方の単位が都道府県なのか、市区町村なのかは議論が必要ですが、ここでは都道府県の財政について調べてみることにします。都道府県別の歳入額や歳出額の数値データは、総務省統計局の統計データのページにある「日本統計年鑑」「第5章　財政」の「都道府県別都道府県歳入歳出額及び実質収支（平成22年度）」からダウンロードします。これらのデータは総務省「地方財政統計年報」から作成されています。

　なお、ここでは使用しませんが、市町村の統計をまとめたものが下記のサイトから取得できます。参考までに、入手方法を記載しておきますので課題などで利用してください。総務省　→　政策　→　地方行財政―地方財政の分析　→　地方財政状況調査関係資料　→　決算状況調（都道府県／市町村別）の「市町村別」をクリックすると、2002年度（平成14年度）以降の「市町村別決算状況調」があり、ここに市町村別の歳入・歳出のデータが掲載されています。これより以前のデータが必要な場合は、図書館などを利用して『市町村別決算状況調』から収集してください。

7.2.3　歳入・歳出から見た都道府県

　都道府県の歳入には、都道府県民税や自動車税などの地方税、国税から交付される地方交付税交付金、地方譲与税譲与金、地方特例交付金、国庫支出金、そして財源の不足分を補うための地方債があります。地方税は地方自治体が自主的に確保できる自主財源で、地方税収入が多いということはそれだけ自立できる可能性が高いということになります。以下では、地方交付税交付金を地方交付税、地方譲与税譲与金を地方譲与税と表記します。

　では最初に、各都道府県の歳入を、地方税、地方交付税（地方譲与税、地方特例交付金含む）、国庫支出金、地方債の科目別に見てみましょう。図7.3は、地方税収入の昇順に並べた都道府県ごとの科目別歳入額のグラフです。科目ごとの金額と歳入総額が比較できるように、積み上げ横棒グラフに表しています。

　図7.3を見ると、大半の自治体の歳入総額は1兆円以下です。それに比べて東京都の歳入は桁外れに多く、それも地方税収入の多さが際立っています。東京都は別格としても、地方の自立に不可欠な自主財源がこのように自治体によってばらつきがあるというのは問題です。

　そこで、まずは都道府県ごとに見た科目別歳入額の統計量を計算してみましょう。表7.2を見ると地方税収入の平均は約3390億円で、平均以上の収入がある自治体は図7.3の静岡県以降たった10都道府県だけです。中央値は滋賀県の約1480億円で、平均とはかなりの差があります。貯蓄現在高と同様、平均より低い収入の自治体が多く、地方税収入は低いほうへ偏った分布であることがわかります。平均＋標準偏差の値は約9600億円で、東京都、神奈川県、大阪府を除くすべての道府県の地方税収入がこの9600億円以下になっています。図7.4に地方税収入のヒストグラムを示しておきますので、これらの特徴をグラフでも確認してください。

　このように地方税による収入は自治体によって大きな差があり、税収の少ない小規模な自治体

7.2 地方財政を分析する

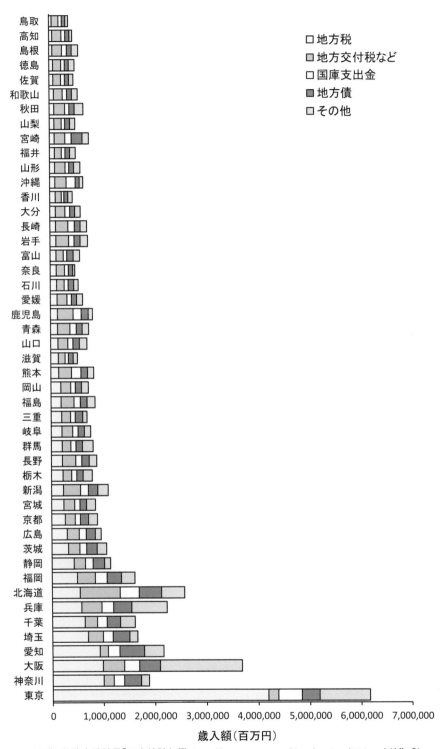

図 **7.3** 都道府県ごとに見た科目別歳入額（2010年度）

表 7.2 都道府県ごとに見た科目別歳入額（2010年度）

（単位　100万円）

	歳入総額	地方税	地方交付税など	国庫支出金	地方債
平均	1,065,236	338,985	223,752	133,047	166,167
標準偏差	988,031	617,359	104,793	79,320	103,483
中央値	743,010	148,471	195,348	103,971	124,454
最小	371,512	51,470	119,082	51,755	69,186
最大	6,170,701	4,190,132	781,306	452,847	477,434
範囲	5,799,189	4,138,662	662,224	401,092	408,248

（出典：総務省統計局「日本統計年鑑」http://www.stat.go.jp/data/nenkan/05.htm より作成）

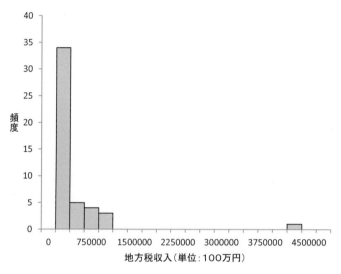

（出典：総務省統計局「日本統計年鑑」http://www.stat.go.jp/data/nenkan/05.htmより作成）

図 7.4　都道府県の地方税収入の分布（2010年度）

は自主財源だけでは他の自治体と同様の行政サービスを住民に提供することが難しくなります。この不均衡を調整するために国から交付されるのが地方交付税や国庫支出金などで、これらを依存財源と呼んでいます。この依存財源の元も税金で、所得税や法人税などの国税の一部が地方へ再配分される形で交付されています。国民の納めた税金が地方自治体の歳入の不均衡を調整するために使われるのですから、できる限り公平に配分されなくてはなりません。果たして実態はそうなっているのでしょうか。図7.3を見ているだけでは判断がつきにくいため、自主財源による歳入と依存財源による歳入を図7.5の散布図に表してみることにします。自主財源は地方税、依存財源は地方交付税（地方譲与税、地方特例交付金含む）、国庫支出金、地方債の合計です。

　東京都の自主財源は4兆円を超え唯一の地方交付税不交付団体ですが、依存財源は大阪府や兵庫県とさほど違いはありません。一方、北海道の自主財源は兵庫県とあまり変わらないのですが、

7.2 地方財政を分析する

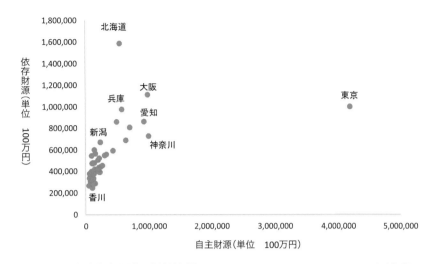

（出典：総務省統計局「日本統計年鑑」http://www.stat.go.jp/data/nenkan/05.htmより作成）

図 7.5 都道府県ごとに見た自主財源と依存財源による歳入（2010年度）

依存財源は北海道のほうがはるかに多くなっています。さらに、自主財源による歳入が少ない自治体を見ると、自主財源にはそれほどの差がないのにも関わらず、依存財源による歳入が大きく違っている自治体が存在することがわかります。例えば、図7.3の熊本県と滋賀県を見ると、地方税収入の差はほとんどありませんが、熊本県の依存財源は滋賀県の倍近くになっています。これらの結果を見る限り、依存財源が自主財源による歳入の不均衡を調整しているとはどうも考えにくいようです。

次に、各都道府県の依存財源による歳入額の差が歳出にどう反映しているのかを知るために、目的別歳出について調べてみることにします。目的別歳出は何の目的で使うのかを基準に歳出を見たもので、これを分析することにより各都道府県の施策の重点がどこに置かれているかを知ることができます。目的別歳出には、以下のような費目があります。

総務費	庁舎の建設費、維持管理費、行政活動の経費など
民生費	社会福祉費、老人福祉費、児童福祉費などの経費
衛生費	健康維持、増進のための施策、ごみ処理などの経費
労働費	職業訓練、失業対策など労働者のための施策の経費
農林水産業費	農林漁業の効率的経営と食糧の安定供給を図るための経費
商工費	中小企業の育成、観光施設整備の経費
土木費	道路橋梁、下水道などの建設や管理の経費
警察・消防費	警察活動費や警察官の人件費など（東京都のみ消防費含む）
教育費	教育施設の運営費や教員の人件費など

ここでは、これらの費目に公債費も加えて分析します。公債費とは、自治体が借り入れた地方債の元本の償還や利子の支払いのための経費です。道路や港湾、下水道の整備などには多額の費

用が必要となり、自治体の単年度の歳入ではとても賄いきれません。そのため、地方債を発行して資金を調達し、後年度でそれを償還していきます。自治体によってはこの公債費の負担がかなり多くなっていますので、目的別歳出に付け加えることにします。

最初に、目的別歳出額の統計量を求めてみます（表 7.3）。「範囲」の値をみてみると、都道府県間で大きな差（8000 億円以上）が見られる費目は、その他を除くと教育費、総務費、土木費、警察，消防費です。警察，消防費は、東京都のみが消防費も含んだ金額になっているため、大きな差になっています。東京都の警察費は 6111 億 3700 万円ですので、警察費だけで比較すると差は 5900 億円ほどになります。総務費がもっとも多いのは大阪府の 8550 億円です。大阪府の 2010 年度の歳入総額は 3 兆 6819 億円、歳出総額は 3 兆 6418 億円ですが、2009 年度は 2 兆 9901 億円、2 兆 9428 億円でした。2010 年度は、2009 年度より歳入も歳出もほぼ 7000 億円増加しています。この理由は、大阪府のホームページを見ると、「基金借入金の解消（歳出 6,629 億円）のために基金取崩（歳入 6,588 億円）」を行ったことにあることがわかります。当時の新聞記事にもあるように、大阪府は財源不足を補うために基金からの借入を繰り返していました。この借入金は予算書に記載されないため、大阪府が財源不足であることも、基金の残高が実際はほとんどないことも見えなくなっていました。これを表に出して、基金の残高を明白にするためにこのような措置をとったのです。歳入の繰入金に計上し、歳出の総務費で処理したため、大阪府の総務費がこのように突出しています。大阪府を除くと、次に総務費が多いのは東京都の 3587 億 7700 万円ですので、東京都と最小値の島根県との差は約 3370 億円になります。

このような特殊な事情を除外すると、都道府県で大きな差が見られる費目は教育費と土木費で

表 7.3 都道府県の目的別歳出額（2010 年度）

(単位　100 万円)

	歳出総額	総務費	民生費	衛生費	労働費	農林水産業費
平均	1,043,820	81,812	136,513	36,473	14,627	50,269
標準偏差	971,834	125,939	121,642	33,554	9,000	34,900
中央値	727,316	49,061	94,948	26,595	12,385	41,542
最小	355,848	22,090	44,001	11,475	5,009	11,085
最大	6,012,273	854,997	731,831	233,151	44,576	241,127
範囲	5,656,425	832,907	687,830	221,676	39,567	230,042

	商工費	土木費	警察，消防費	教育費	公債費	その他
平均	93,477	121,639	73,011	232,160	144,371	59,467
標準偏差	118,690	123,754	121,652	182,223	102,021	162,680
中央値	62,380	88,942	39,526	165,362	101,073	23,295
最小	6,664	54,736	16,605	70,515	60,013	7,996
最大	678,109	871,952	826,109	924,419	557,373	1,141,456
範囲	671,445	817,216	809,504	853,904	497,360	1,133,460

（出典：総務省統計局「日本統計年鑑」http://www.stat.go.jp/data/nenkan/05.htm より作成）

す。教育費の最大値は東京都、次が大阪府、最小値は鳥取県です。教育費は「教育施設の運営費や教員の人件費など」ですので、学校数や教員数、すなわち人口が少なければ歳出は少なくなります。また、土木費の最大値は東京都、次が北海道、最小値は徳島県です。土木事業の規模が大きい東京都や、面積の広い北海道の支出が多くなっています。

これらの歳出を自主財源（地方税）で賄える自治体はなく、多くは国からの補助金などの依存財源に頼っています。この依存財源は、図7.5で見たように都道府県によってかなりの差が見られます。そこで、各都道府県を依存財源による歳入額の順に並べてみることにします。依存財源による歳入額がもっとも少ない県は香川県で、その次は鳥取県、滋賀県となっています。反対にもっとも多いのは北海道で、それに大阪府、東京都、兵庫県、愛知県と大都市を抱える都府県が続きます。依存財源による歳入額の少ない自治体と多い自治体の歳出を比較したいのですが、このような大都市を抱える自治体の歳出には特殊な要素もあり、これらを含めて比較するのはあまり適切ではありません。そこで、東京都と政令指定都市を抱える道府県を除いた32県[2]を対象に依存財源による歳入額の順に並べ、上位3県（鹿児島県、熊本県、茨城県）と下位3県（香川県、鳥取県、滋賀県）の目的別歳出額をグラフに表してみます（図7.6）。

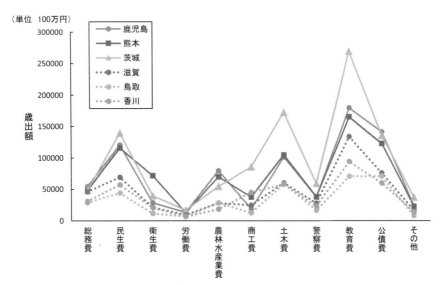

（出典：総務省統計局「日本統計年鑑」http://www.stat.go.jp/data/nenkan/05.htmより作成）

図 **7.6** 依存財源による歳入額の上位3県と下位3県の目的別歳出額（2010年度）

これら6県の労働費や警察費にはそれほど差はありませんが、教育費、土木費、民生費に大きな差が見られます。表7.3でも教育費は差の大きい費目でしたが、この6県を見ても最大の茨城県と最小の鳥取県の差はほぼ2000億円です。ただ、上位3県で最も少ない熊本県と、下位3県で

---

[2] 2012年4月から、熊本市も政令指定都市になりました。ここで用いた統計データは2010年度のデータのため、熊本県を含んだ分析になっています。

表 7.4　依存財源による歳入額の上位3県と下位3県の科目別歳入額（2010年度）

（単位　100万円）

	歳入総額	地方税	地方交付税など	国庫支出金	地方債	依存財源
鹿児島	820,406	136,871	306,447	156,952	137,272	600,671
熊本	835,842	151,719	249,631	185,256	130,384	565,271
茨城	1,067,310	324,881	219,643	133,269	204,981	557,893
滋賀	519,174	148,471	130,163	64,568	93,084	287,815
鳥取	371,512	51,470	134,658	63,987	69,186	267,831
香川	440,456	106,102	119,082	51,755	76,131	246,968

（出典：総務省統計局「日本統計年鑑」http://www.stat.go.jp/data/nenkan/05.htm より作成）

もっとも多い滋賀県の間にはそれほどの差はなく、上位グループと下位グループの開きは大きくありません。上位3県のグループと下位3県のグループで歳出額の開きが顕著に現れているのが、土木費、民生費、公債費、農林水産業費です。特に民生費は熊本県の1158億円と滋賀県の689億円の間には約470億円もの差があります。民生費は「社会福祉費、老人福祉費、児童福祉費などの経費」ですので人口の影響を受ける可能性はありますが、このような開きがあるなかで同様のサービスが提供できるのでしょうか。

もう1点、茨城県は依存財源の額としては3番目に多い県ですが、費目ごとの歳出額を見るとほとんどの費目でもっとも多くなっています。このような歳出が可能ということは、自主財源がかなり多くなければなりません。これら6県の科目別歳入額を表7.4に示しておきますので、茨城県の地方税収の多さを確認してください。なお、表中の依存財源は、地方交付税（地方譲与税、地方特例交付金含む）、国庫支出金、地方債の合計になっています。

7.2.4　人口1人当たりの歳入・歳出から見た都道府県

都道府県の歳入は、住民への行政サービスのために使われるものです。ということは、人口によってサービスを提供するためのコストは変わってくるはずです。7.2.3節でも、教育費や民生費の歳出額などは、人口の影響を受ける可能性を指摘しました。また、東京都は多額の歳入がありますが、人口も多いので歳出も当然多くなります。自治体間の不均衡が調整されているかどうかを判断するには、人口1人当たりの歳入や歳出を比較してみる必要がありそうです。図7.3を、各都道府県の人口で割った人口1人当たりの歳入額に換算したものを図7.7に示します。図7.7は、図7.3と同様に、人口1人当たりの地方税収入の昇順に並べた積み上げ横棒グラフです。なお、2010年の都道府県の人口は、総務省統計局の「人口推計」から取得してください。地方財政のデータは2010年度です。この年度の人口を使用しなければ、正しい分析にはなりませんので注意しましょう。

人口1人当たりに換算すると、東京都を除いた各道府県の地方税収入の差はやや縮まったよう

7.2 地方財政を分析する

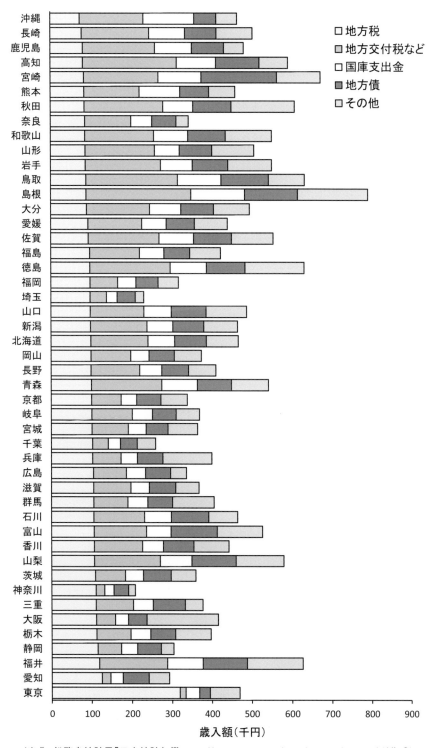

(出典：総務省統計局「日本統計年鑑」http://www.stat.go.jp/data/nenkan/05.htmより作成)

図 **7.7** 都道府県ごとに見た人口 1 人当たりの科目別歳入額（2010 年度）

に見えます。ところが、歳入総額は自治体によってかなりまちまちになっています。地方税収入が最も多い東京都の1人当たり歳入総額は鹿児島県より少なく、1人当たり歳入総額が最も多い島根県から数えて19番目に転落しています。人口1人当たりに換算すると、歳入額そのものの分布よりかなり違った様相を示しそうです。そこで、人口1人当たりの科目別歳入額の統計量を計算してみます（表7.5）。

歳入総額も地方税も、1人当たりに換算すると平均と中央値の乖離が縮小されています。ただ、図7.7を見ると、東京都の地方税は他の自治体と大きな差があり、ある意味特異な値とも見られます。そこで、東京都を除いた統計量を計算すると、平均は9万7700円、中央値は9万9000円でほとんど差がなくなり、標準偏差も1万1500円とほぼ3分の1になります。東京都を除いた自治体の人口1人当たりの地方税収入は、平均に近い値に集中しているようです。人口1人当たりの地方税のヒストグラムを見ると、東京都だけが大半の自治体の分布から大きく離れ、他の自治

表 7.5　都道府県ごとに見た人口1人当たりの科目別歳入額（2010年度）

（単位　千円）

	歳入総額	地方税	地方交付税など	国庫支出金	地方債
平均	452.8	102.4	124.7	64.9	77.4
標準偏差	119.6	33.8	58.4	26.5	27.4
中央値	460.0	99.1	126.1	61.1	71.8
最小	207.7	72.7	14.8	22.6	26.8
最大	790.6	318.4	261.5	134.1	187.4
範囲	582.9	245.7	246.7	111.5	160.6

（出典：総務省統計局「日本統計年鑑」http://www.stat.go.jp/data/nenkan/05.htm より作成）

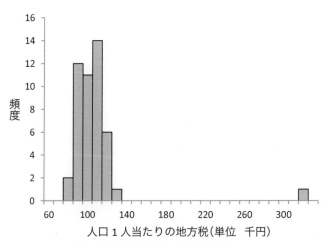

（出典：総務省統計局「日本統計年鑑」
http://www.stat.go.jp/data/nenkan/05.htmより作成）

図 7.8　都道府県ごとに見た人口1人当たりの地方税の分布（2010年度）

7.2 地方財政を分析する

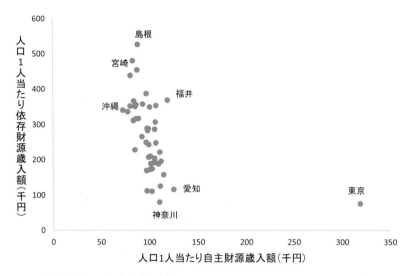

(出典：総務省統計局「日本統計年鑑」http://www.stat.go.jp/data/nenkan/05.htmより作成)

図 7.9 都道府県ごとに見た人口 1 人当たりの自主財源と依存財源による歳入（2010 年度）

体は東京都を除いた平均値の周りにほぼ均等に分布していることがわかります（図 7.8）。

次に、自主財源による歳入と依存財源による歳入を、人口 1 人当たりに換算して散布図に表してみることにします（図 7.9）。人口 1 人当たりで見ると、東京都を除いた道府県の自主財源による歳入額の差は 5 万 2000 円ほどですが、依存財源の差は約 45 万円にもなっています。地方税は住民が納めるものですから 1 人当たりに換算するとあまり差がないのはある意味当然であり、人口の少ない自治体の国への依存度が高まるのも仕方ない結果と思われますが、この差が妥当なものかどうかはやはり検証が必要ではないでしょうか。

目的別歳出額も人口 1 人当たりに換算して統計量を計算してみましょう（表 7.6）。人口 1 人当たりに換算しても、教育費は約 9 万 6 千円で、歳出のなかではもっとも大きな負担となっています。大きな負担という点では、公債費も約 6 万 8 千円でその次に多い費目です。地方の財政がひっ迫している原因はここにもあるようです。民生費と土木費は平均が約 5 万 6 千円でほぼ同じです。しかし、標準偏差は民生費が約 1 万 1 千円に対し、土木費は 2 万 4 千円で倍以上になっています。人口 1 人当たりの土木費は、それだけ自治体によって差があるということです。

人口の少ない島根県が歳出総額、民生費、商工費、土木費、公債費で 47 都道府県中の最大値となり、総務費と警察、消防費を除けば他の費目もすべて 3 位以内に入っています。一方、神奈川県は歳出総額、民生費、衛生費、商工費、土木費、教育費、すべて最下位です。神奈川県は唯一県内に 3 つの政令指定都市[3]をもつ自治体のため、県財政の規模は他の自治体に比べて小さくなっているうえ、人口 1 人当たりに換算することでそれがさらに強調されています。神奈川県の

---

3) 横浜市、川崎市、相模原市です。

表 7.6 都道府県の人口1人当たりの目的別歳出額（2010年度）

(単位　千円)

	歳出総額	総務費	民生費	衛生費	労働費	農林水産業費
平均	440.9	33.1	56.2	16.4	7.1	29.2
標準偏差	113.7	21.1	10.7	6.7	3.0	17.4
中央値	444.9	29.3	57.2	15.2	6.4	26.2
最小	205.9	12.5	32.8	7.0	2.0	1.3
最大	763.0	137.1	75.5	39.4	14.2	81.7
範囲	557.1	124.6	42.7	32.4	12.2	80.4

	商工費	土木費	警察，消防費	教育費	公債費	その他
平均	39.2	56.4	24.1	95.9	67.7	15.7
標準偏差	24.5	24.0	6.4	14.4	26.1	10.6
中央値	39.6	57.1	22.6	94.3	65.0	13.9
最小	2.0	12.0	19.1	66.2	27.9	10.3
最大	100.8	135.6	62.8	131.5	153.3	86.7
範囲	98.8	123.6	43.7	65.3	125.4	76.5

(出典：総務省統計局「日本統計年鑑」http://www.stat.go.jp/data/nenkan/05.htm より作成)

数値は、実態とはやや異なっていることを念頭においておかなくてはなりません。

人口1人当たりで見ると、依存財源による歳入が最も多い県は島根県です。反対に最も少ないのはやはり東京都で、それに神奈川県、千葉県、埼玉県と続きます。7.2.3節と同様に、東京都と政令指定都市を抱える道府県を除いた32県を対象に人口1人当たりの依存財源による歳入額の多い順に並べ、上位3県（島根県、宮崎県、鳥取県）と下位3県（茨城県、栃木県、群馬県）の目的別歳出額をグラフに表してみます（図7.10）。

7.2.3節の結果と同様で、人口1人当たりで見てもこれら6県の労働費や警察費にはほとんど差が見られません。反対に、大きな差が見られるのが、総務費、公債費、土木費です。総務費は宮崎県が突出しているため大きな差になっていますが、宮崎県を除外すると差は大幅に縮小します。2010年は宮崎県に口蹄疫が流行した年で、総務費の突出は復興対策として基金の造成やファンド事業による貸し付けを行ったことによるものです。同時に、農林水産費も家畜防疫対策費が増加し、商工費も中小企業応援ファンド事業で貸し付けを行ったことで前年より増加しています。2010年の宮崎県の歳出は、このような事情からやや特異なものと判断したほうがよさそうです。

図7.6では大きな差が見られた教育費は、人口1人当たりに換算すると差が縮小されています。やはり、教育費は人口の影響が大きいと考えられます。また、上位3県のグループと下位3県のグループで歳出額の開きが顕著に現れているのが、公債費と農林水産業費です。いずれも依存財源による歳入額が少ない県では、歳出額にほとんど差が見られません。これら6県の科目別歳入額を、表7.7に示しておきます。

7.2 地方財政を分析する

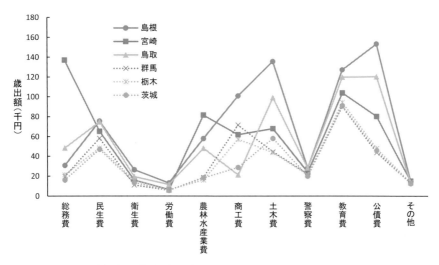

（出典：総務省統計局「日本統計年鑑」http://www.stat.go.jp/data/nenkan/05.htmより作成）

図 7.10　人口1人当たりで見た依存財源による歳入額の上位3県と下位3県の目的別歳出額（2010年度）

表 7.7　人口1人当たりで見た依存財源による歳入額の上位3県と下位3県の科目別歳入額（2010年度）

（単位　千円）

	歳入総額	地方税	地方交付税など	国庫支出金	地方債	依存財源
島根	790.6	87.8	261.5	134.1	131.0	526.7
宮崎	671.6	82.7	185.4	107.8	187.4	480.5
鳥取	630.8	87.4	228.6	108.6	117.5	454.7
群馬	405.4	105.4	84.5	49.7	61.6	195.9
栃木	397.1	112.0	84.4	49.4	62.0	195.8
茨城	359.4	109.4	74.0	44.9	69.0	187.8

（出典：総務省統計局「日本統計年鑑」http://www.stat.go.jp/data/nenkan/05.htm より作成）

7.2.5 人口の少ない県の財政の比較

人口1人当たりの歳入総額を見ると、島根県がかなり多くなっています。ただし、これを見て島根県の歳入は多過ぎると解釈するのはやや問題があります。なぜなら、たとえ人口が1人でも行政サービスを提供する以上必要な歳入を確保しなければならず、人口が少ない自治体ではどうしても1人当たりの額は多くなってしまうからです。そこで、人口と人口1人当たりの歳入総額の関係をグラフにしてみます（図7.11）。

人口が少なくなるにつれて、1人当たりの歳入総額が急激に上昇しているのがわかります。やはり、小規模な自治体では1人当たりのコストは高くなるようです。ただよく見ると、島根県、高知県、徳島県などはそれほど人口に差がありません。差がないのなら、1人当たりの歳入は同じ

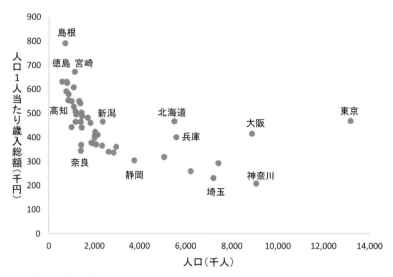

（出典：総務省統計局「日本統計年鑑」http://www.stat.go.jp/data/nenkan/05.htmより作成）

図 7.11　人口と人口1人当たりの歳入総額（2010年度）

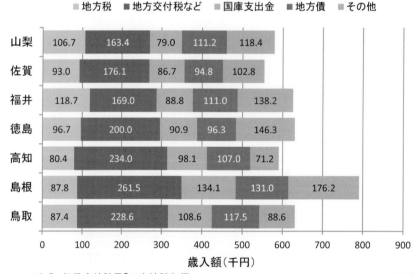

（出典：総務省統計局「日本統計年鑑」http://www.stat.go.jp/data/nenkan/05.htmより作成）

図 7.12　人口90万人以下の県における1人当たりの科目別歳入額の比較（2010年度）

程度で行政サービスは提供できると考えられます。それにも関わらず、歳入総額にはかなりの差があるのはなぜなのでしょうか。歳入の何に差があるのか、これらの県について検討してみる必要がありそうです。そこで、人口が90万人以下の県について、1人当たりの地方税、地方交付税（地方譲与税、地方特例交付金含む）、国庫支出金、地方債の科目別歳入額を図7.12に表してみま

7.2 地方財政を分析する

す。人口が最も少ない鳥取県から、人口の昇順に並べてグラフにしています。

これらの県の1人当たり地方税収入にはそれほど大きな差は見られませんが、依存財源にはかなりの違いがあります。島根県の依存財源は、人口の最も少ない鳥取県よりも1人当たり約7万2千円も多く、他県と比べても突出しています。島根県の依存財源を見てみると、地方交付税（地方譲与税、地方特例交付金含む）も多いのですが、特に国庫支出金、地方債の多さが目立っています。地方交付税は国から交付されますが、国がその使途を制限したり、条件を付けたりすることが法律で禁じられている税です。このように自治体が自由に使える財源を一般財源と呼び、地方税や地方交付税がこれに含まれます。一方、国庫支出金は公共事業などの補助金として国から交付されるため、その使用には制限や条件がたくさんついてきます。これを特定財源と呼び、地方債もこれに当たります。このグラフを見る限り、島根県は人口の少ない県の中でも特に依存財源に偏った財政構造を持ち、それも特定財源に大きく偏った構造であるということができます。

島根県と対照的なのが佐賀県です。佐賀県の1人当たり地方税収入は島根県とそれほどの差はありませんが、歳入総額は島根県の約70％、依存財源は約68％、特定財源も約68％です。この7県のなかで1人当たりの依存財源収入が最も少ないのは山梨県ですが、佐賀県とは4千円ほどしか差がなく、これを同程度とみなせば、佐賀県は人口90万人以下の県のなかで歳入総額、依存財源、特定財源すべてが最も少ない県になります。小規模な自治体が依存財源に頼るのは致し方ないとしても、その頼り方がこうも違うのはどう説明すればよいのでしょうか。このような違いを生み出さざるを得ない理由が、そこにはあるのでしょうか。それを調べるためには、これらの歳入がどのように使われているのかを検証する必要がありそうです。そこで、これらの県の目的別歳出額を比較してみます（図7.13）。

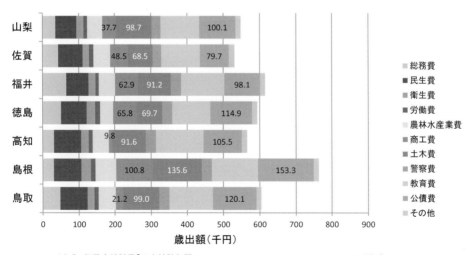

（出典：総務省統計局「日本統計年鑑」http://www.stat.go.jp/data/nenkan/05.htmより作成）

図 **7.13** 人口90万人以下の県における1人当たりの目的別歳出額の比較（2010年度）

最も差が大きいのは商工費で、公債費、土木費がこれに続きます。グラフ中に数値が記載されているのがこれらの費目です。3 費目とも最大値は島根県です。そして、衛生費、土木費、警察費、交際費の最小値は、すべて佐賀県です。島根県の特定財源は佐賀県の 1.46 倍という歳入の構造が、島根県の商工費や土木費の多額の歳出に結びつき、島根県がこれら 7 県のなかで最も多額の公債費を支出している状況を生み出していると言えます。

7.2.6　むすび

依存財源は自主財源の不均衡を調整する機能をもっていますが、各都道府県の歳入を見ると、自主財源にはそれほどの差がないのにも関わらず依存財源による歳入が大きく違っている自治体が存在しています。東京都と政令指定都市を抱える道府県を除いた 32 県を対象に、このような歳入の違いが歳出にどう反映しているのかを調べたところ、依存財源による歳入額の多い順に並べた上位 3 県（鹿児島県、熊本県、茨城県）と下位 3 県（香川県、鳥取県、滋賀県）の目的別歳出額では教育費、土木費、民生費に大きな差が見られました。

人口 1 人当たりで見ると、東京都を除いた道府県の自主財源による歳入額の差が 5 万 2000 円ほどなのに対して、依存財源の差は約 45 万円にもなっていました。また、東京都と政令指定都市を抱える道府県を除いた 32 県を対象に、人口 1 人当たりの依存財源による歳入額の多い順に並べた上位 3 県（島根県、宮崎県、鳥取県）と下位 3 県（茨城県、栃木県、群馬県）の目的別歳出額では総務費、公債費、土木費に大きな差が見られました。ただし、宮崎県は 2010 年に口蹄疫が流行し、口蹄疫対策のため総務費が突出しています。宮崎県の 2010 年度の歳出は、特異な事例として押さえておく必要があります。また、歳出額では大きな差が見られた教育費や民生費は、人口 1 人当たりに換算するとそれほどの差が認められませんでした。これらの費目はやはり人口によって歳出の規模が決まると考えられます。

さらに、人口が 90 万人以下の県について人口 1 人当たりの歳入、歳出の比較を行った結果、島根県は人口の少ない県のなかでも特に依存財源に偏った財政構造を持ち、それも特定財源に大きく偏っていること、歳出額の差が大きい商工費、公債費、土木費の最大値はすべて島根県であることがわかりました。

依存財源による歳入が多い自治体では商工費、公債費、土木費の歳出が多く、公共事業に依存した財政構造をもっていると言えます。このような自治体が他の自治体より多くの公共事業を必要とする理由があるのならよいのですが、そうでなければ公平性を欠くものと言わざるを得ません。特に、人口の少ない規模の小さい自治体間にも格差が生じている現状は、地方交付税、国庫支出金、地方債の交付のあり方を再考する必要があると考えられます。

2009 年から、「地方主権」を進めるため、国税から地方税へ税金が移し替えられる税源移譲が行われています。これにより、確かに地方税収入は増加しました。しかし、2010 年度のデータを見る限り、東京都を除けば人口 1 人当たりの地方税収入の自治体間の差はほとんどありませんでし

た。すなわち、人口の少ない自治体はそれなりの歳入しか見込まれないということです。そのうえ、税源移譲にともなって地方交付税なども見直され、大幅な抑制が同時に実施されました。これでは行政サービスの自治体間格差は解消されるどころか、ますます偏りが大きくなる恐れがあります。そうならないためには、不均衡を調整する制度そのものも、自治体全体で検討されなければならないと考えます。

課題

1. ここでは、2010年度の「地方財政統計」のデータのみを用いて分析を行っています。7.2.2節で紹介したように、「市町村別決算状況調」には市町村の財政状況が掲載されています。同様の分析を市町村のデータをもとに行ってみてください。

2. 1つの自治体に限定して、時系列で歳出の変化を調べるのも興味深いのではないでしょうか。税源移譲によって何が変わったのかを調べてみるというのもぜひ試みてください。

第8章

関係を調べる―物価とマネーストック

2種類のデータの関連性は、散布図を描くことにより視覚的にとらえることができます。例えば、第7章の図7.11をみると、自治体の人口と住民1人当たりの歳入総額との間には何か関連がありそうだということがわかります。しかし、視覚的にとらえるというだけでは、関連性があるのかないのか、また関連性が強いのか弱いのかという比較はなかなか難しく、主観的な要素が入り込む余地が多くなります。グラフでは分布の特徴を視覚的にとらえましたが、統計量を計算することでその特徴を数値で表現することができました。それと同様に、散布図でとらえた関連性もやはり数値で表すことができます。それが、相関係数と呼ばれているものです。また、図7.11のデータは、一部の例外を除けば下に凸の緩やかな減少曲線を描いているように見えます。項目間の関連をこのような直線や曲線で表すことができれば、例えば「自治体の人口がこれこれなら歳入額はこれくらい」というように、その直線や曲線の式を使って予測をすることができます。このような項目間の関係を表す直線や曲線を求めるのが回帰分析です。ここでは、物価とマネーストックのデータを用いて相関係数と回帰分析について説明し、物価とマネーストックの関係について調べてみます。

8.1 物価指数とマネーストック

物価とは、商品の価格を総合的に表したものです。商品には多くの種類があり、価格もさまざまです。また、同じ商品でもバーゲンセールになれば値下がりします。このような商品の価格を、物価はどのような方法で総合的に表すのでしょうか。また、何のために商品の価格を総合的に表す必要があるのでしょうか。

経済は、商品が生産され、それらが消費されることで成り立っています。そして、商品を作るにも消費するにもお金が必要で、経済活動が活発に行われるためにはそれに必要なお金が社会に出回っていなければなりません。この社会に出回っているお金の量をマネーストックと呼んでいます。マネーストックが過剰になったり不足した場合、経済はどう変化するのでしょうか。

こうした問題について考えるために、物価指数とマネーストックについてもう少し詳しく見て

みましょう。

8.1.1 代表的な物価指数

指数とはある時点の値を 100 として、その他の時点の値がいくらになるかを計算したものです。物価指数はモノやサービスの価格の指数で、その値が 100 を超えていれば基準の時点より価格が上昇したことを表し、100 未満なら下落したことを表します。スタグフレーションなど特殊な状況を別とすれば、物価は経済活動が活発になると上昇し、停滞すると低下するため、物価指数は景気の動向を判断するために用いられます。また、異なる時点の経済活動を比較する場合、物価の変動を除いて比較しなければなりません。この物価の変動を取り除くために用いる指数をデフレータと呼び、物価指数はデフレータとしても用いられます。物価の変動を取り除く前の実際の価格を名目値、変動を除去した後の価格を実質値と呼んでいます。

では、代表的な物価指数である消費者物価指数と企業物価指数について見てみます。消費者物価指数（CPI: Consumer Price Index）は、どの家庭でも購入するモノやサービスの価格を継続的に測定し、価格の変動を総合したものです。総務省統計局には、「ある基準となる年に家計で購入した種々の商品を入れた大きな買物かごを考え、この買物かごの中と同じものを買いそろえるのに必要なお金がいくらになるかを指数のかたちで表すのが消費者物価指数です」(http://www.stat.go.jp/data/cpi/2010/mikata/pdf/2.pdf) と説明されています。基準となる年は、西暦年の末尾が 0 と 5 の年と決められており、現在は 2010 年の価格を 100 とした消費者物価指数が、毎月総務省統計局から公表されています。買物かごの商品は、「家計調査」をもとに支出額の多い品目が選ばれます。買い物かごの中身が変わると価格の変化が正確にとらえられなくなるため、品目は基準年のものに固定しています。2010 年基準では、米、食パン、野菜、家賃、電気・ガス代、映画観覧料、ゲームソフトなど、588 の品目についての価格が調査されています。これらの価格に、その品目が家計の消費支出に占める割合に応じた重みをつけて加重平均をとることにより指数化したものが消費者物価指数です。

第 6 章 6.1.2 節の注で、「支出額の変化を調べる場合、消費者物価を考慮した実質値で比較する必要があります」と記載したように、消費者物価指数は家計収支や賃金の実質値を求める際のデフレータとして用いられています。物価の変動を取り除いた実質値は、次式により求められます。

$$実質値 = \frac{名目値}{デフレータ} \times 100$$

具体的な例で、説明してみましょう。勤労者世帯の 1 世帯当たり年平均 1 か月間の消費支出は、1997 年が 357,636 円で、2013 年は 318,707 円です。消費者物価指数は、1997 年が 103.1、2013 年は 100.0 ですので、消費支出の実質値は、1997 年が 346,883 円、2013 年が 318,707 円となります。名目値では 3 万 9 千円ほどの差が、実質値では 2 万 8 千円ほどになっています。2013 年は 1997 年に比べて支出は減りましたが、物価も下落したので金額の差ほど消費が縮小したわけでは

ないということになります。逆に 2013 年のほうが 1997 年より物価が高ければ、金額の差以上に消費が縮小したことになります。このように異なる年の比較をする場合、物価の変動も含めて検討しなくては実態を把握することはできません。消費者物価指数は、比較するための「物差しの役目」を果たしていると言えます。なお、費目ごとに実質値を計算する場合は、費目ごとの消費者物価指数が必要です。「政府統計の総合窓口　e-Stat」の消費者物価指数の年報に、10 大費目指数や中分類指数が掲載されていますので、費目ごとの実質値の計算にはそれらを利用してください。

消費者物価指数は消費者が購入する商品を対象にしているのに対して、企業物価指数（CGPI：Corporate Goods Price Index）は企業間の取引価格から算出される指数です。企業物価指数には、国内企業物価指数（DCGPI：Domestic Corporate Goods Price Index）、輸出物価指数（EPI：Export Price Index）、輸入物価指数（IPI：Import Price Index）の 3 つがあります。国内企業物価指数は国内で生産され国内市場へ出荷される商品を対象とし、輸出物価指数、輸入物価指数は輸出品、輸入品を対象として算出されます。消費者物価指数と同様に 5 年ごとに基準改定が行われ、対象となる商品の見直しも行われています。現在は、2010 年を基準としたこれらの指数が日本銀行から毎月公表され、景気の動向を分析するために用いられています。

企業物価指数は 1995 年基準までは卸売物価指数と呼ばれていましたが、2000 年基準からの指数は 2002 年 12 月に企業物価指数と名称が変更になりました。『日本銀行調査月報』2003 年 1 月号に、以下のような記載があります。

> 「需給動向を敏感に反映する取引段階の価格を調査する」との指数の大原則に反しない範囲内で、デフレータとしての機能向上を図ることを目的に、価格調査段階の選定基準を一部変更しました。その結果、価格調査の生産者段階の割合がさらに上昇したこと等から、指数の呼称を「卸売物価指数」から「企業物価指数」に変更しました。

調査価格数は、1995 年基準では 4,902 でしたが、2000 年基準では 8,264 と大幅に積み増されています。また、国内企業物価指数の価格調査では、生産者段階での調査の比率が 2005 年基準では 83.9 %、2010 年基準では 90.9 % となり、1995 年基準の国内卸売物価指数における 69 % から大きく上昇しています。このように、調査対象品目の変更により、卸段階よりも生産者段階の価格調査が大半を占めるようになったことが名称変更の理由です。

では、消費者物価指数と国内企業物価指数のグラフを描いてみましょう。総務省統計局のホームページに、消費者物価指数（全国）の 1970 年以降の長期時系列データが月別に掲載されています。国内企業物価指数の長期時系列データも、日本銀行のホームページに、1960 年以降の月別の値があります。1970 年 1 月から最新のデータまでを、折れ線グラフにして図 8.1 に示します。

図 8.1 を見ると、国内企業物価指数の急激な上昇が 2 度起こっています。これは第一次および第二次オイルショックによるもので、急激な物価上昇が引き起こされています。一方、消費者物価指数は、国内企業物価指数ほどオイルショックによる影響は受けていません。これは国内企業

8.1 物価指数とマネーストック

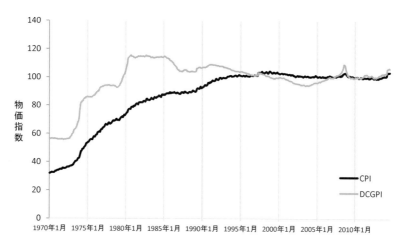

図 **8.1** 消費者物価指数と国内企業物価指数（1970 年 1 月～2014 年 8 月）

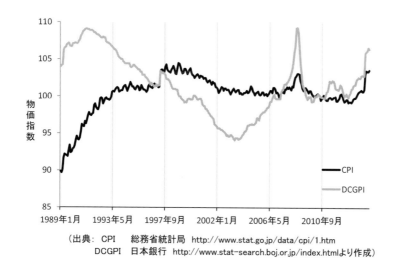

図 **8.2** 消費者物価指数と国内企業物価指数（1989 年 1 月～2014 年 8 月）

物価指数がモノのみを対象として算出されるのに対して、消費者物価指数はモノの価格が直接的には影響しにくいサービスの価格も対象としているためと考えられます。

図 8.2 を見ると、2000 年 9 月以降の国内企業物価指数は、消費者物価指数より下落の度合いが大きく両者はどんどん乖離していきます。それが、2003 年末から国内企業物価指数だけが明らかに上昇し始めています。国内企業物価指数は 2000 年基準以降価格の調査対象を大幅に変更し、価格変動の大きい情報関連の品目を増やしてきています。その影響によるものという推察は可能ですが、この下落と上昇が情報関連機器の価格変動に一致しているかどうかは検討する必要があり

ます。

　また、消費税が導入された1989年4月、税率が5％に引き上げられた1997年4月、8％に引き上げられた2014年4月には、消費者物価指数も国内企業物価指数も上昇しています（図8.2）。この消費税の影響を差し引いて考えると、国内企業物価指数は1990年ごろから下落傾向にあるとされています。それが2003年後半から上昇に転じ、2008年8月にピークを迎えその後急速に下落をします。この急落の原因は、2008年9月に米国投資銀行のリーマン・ブラザーズが、サブプライム問題などで経営破綻したことにあります。世界経済が大打撃を受けるなか、日本も株安、円高が進み金融機関や輸出産業に大きな影響が出ました。そして、2014年4月の消費税率の引き上げで再び急上昇し、リーマンショック時に迫るところまできています。一方、消費者物価指数は国内企業物価指数に遅れて、1997年頃から緩やかな下落傾向を示しています。リーマンショックによる下落も見られますが、国内企業物価指数のような大幅な下落ではありません。しかし、2014年4月の消費税率引き上げによる影響はかなり大きく表れています。

　消費者物価指数がある一定期間下落し続けている状態をデフレ（デフレーション）と言います。一定期間がどれくらいなのかというのはあまり明確ではありませんが、ほぼ2年程度というのがIMFの基準のようです。1997年以降の日本はまさにデフレの状態と言えます。逆に、消費者物価指数が継続的に上昇している状態が、インフレ（インフレーション）です。図8.1からもわかるように、1970年以降の日本経済はずっとインフレの状態です。

8.1.2　マネーストック

　「現実の経済に出回っているお金の量」を、マネーストックと言います。取引される財やサービスに対してお金の量が増えすぎれば、物価が上がりインフレが発生します。反対に、減りすぎると物価が下落しデフレに陥ります。このマネーストックを適切な量に調節するのが日本銀行の役割です。

　本来、この調節は公定歩合を変更するなど、日本銀行が金利を操作することによって行ってきました。公定歩合とは、日本銀行が民間金融機関（銀行）に貸し出しを行う際の金利のことです[1]。お金の量が増えすぎると金利を上げてお金の量を減らし、減りすぎると金利を下げて出回るお金の量を増やします。ところが、バブルの崩壊後の危機的状態にあった日本経済を立て直すため金利が徐々に切り下げられ、1999年2月とうとう実質的にゼロになってしまいました。これが「ゼロ金利政策」です。金利をゼロにして豊富な資金を世の中に提供することで、物価の安定と経済の回復を狙ったのです。

　しかし、それでも日本経済は立ち直ることができず、多くの企業が経営破綻に追い込まれていきました。けれども、これ以上金利は下げられず打つ手がありません。そこで、日本銀行は出回っているお金の総量を増やす「量的緩和政策」を打ち出しました。2001年3月のことです。銀行は

[1) 公定歩合は2006年に「基準割引率および基準貸付利率」と名称を変更しています。

8.1 物価指数とマネーストック

日本銀行に置いている当座預金残高に応じて、企業などへの貸し出しを行います。この当座預金残高を増やすことで、出回るお金を増やそうというのが量的金融緩和政策です。実際は、銀行が所有する国債を日本銀行が買い取ることで出回るお金を増やそうとしています。日本銀行は、消費者物価指数が前年比で0％以上上昇し、デフレからの脱却が確信できるまで解除しないという方針で量的緩和を継続しました。これが満たされた2006年3月に量的金融緩和政策が解除され、7月にはゼロ金利政策も解除されました。ところが、2008年12月のリーマンショックに端を発した世界金融危機を機にふたたびゼロ金利政策へと舵を切り直し、2010年10月ゼロ金利政策が再び導入されました。景気回復の兆しが一向に見えないなか、2013年4月、日本銀行は銀行から買い取る国債の量をさらに増し過去最大規模の「質的・量的金融緩和」すなわち「異次元の金融緩和」に踏み切ったのです。さらに、2014年11月には追加の金融緩和を発表し、長期国債の買い入れ量を80兆円まで増やすと同時に、資金供給量も年80兆円のペースで増やすことにしました。

2008年4月以前は、マネーストックをマネーサプライと呼んでいました。日本銀行のホームページには、2008年に「各指標の対象金融商品の範囲や通貨発行主体の範囲が見直されたほか、通貨保有主体の範囲や一部計数の推計方法が変更された。」（https://www.boj.or.jp/statistics/outline/exp/data/exms01.pdf）と書かれています。具体的には、2007年10月に業務を開始したゆうちょ銀行を含む統計への変更や、証券会社、短資会社および非居住者がマネーストックでは通貨保有主体から除外されたことを指しています。そして、これらの見直しが行われた際に、マネーサプライから海外で一般的に使われているマネーストックに名称も変更されました。

上記のような経緯を見ていくと、マネーストックやマネーサプライはかなりの勢いで増加しているはずです。日本銀行のホームページには、マネーストックとマネーサプライの月別のデータが掲載されています。消費者物価指数や国内企業物価指数との関係を検討をするために、1970年1月以降のマネーサプライと、2003年4月以降のマネーストックのデータをダウンロードしてみましょう。まずはマネーサプライです。ここでは、現金と預金も含めたM2＋CDの数値をグラフに描いてみます。ただし、マネーサプライは、1998年3月までは「外国銀行在日支店等を含まないベース」の数値、それ以降は外国銀行在日支店等を含んだ数値となっています。継続性にかけるため期間を分けて検討する必要がありますので、それぞれの期間ごとに物価指数とマネーサプライのグラフを作成します。1970年1月から1999年3月までを図8.3に、1998年4月から2008年4月までを図8.4に示します。次に、2003年4月から最新のデータまでの物価指数とマネーストックのグラフを図8.5に示します。

いずれのグラフを見ても、マネーサプライ、マネーストックは増加傾向です。なかでも、1980年代後半からバブルが崩壊する1991年ごろまでの増加が目立ち、世の中に出回っているお金が次第に膨れ上がってきているのがわかります（図8.3）。バブル崩壊後の2年ほどは横ばいですが、その後はまた右肩上がりで増加していきます。ところが、国内企業物価指数はこの頃から下落の傾向を示し、消費者物価指数も1997年ごろから下落を始めます。ともに下落をしているなかで、マネーサプライだけが増加している様子が図8.4に現れています。注目したいのは、消費者物価

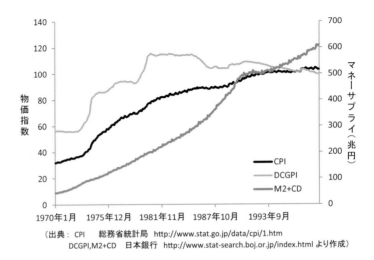

図 8.3　物価指数とマネーサプライ（1970 年 1 月～1999 年 3 月）

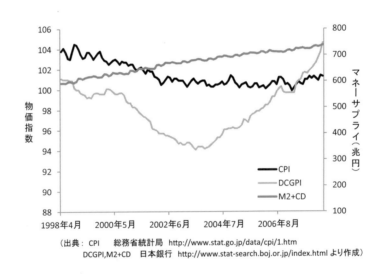

図 8.4　物価指数とマネーサプライ（1998 年 4 月～2008 年 4 月）

指数、国内企業物価指数がともに傾向を変え始める 2003 年以降も、マネーサプライが同じペースで増加し続けていることです。国内企業物価指数が 2003 年末から明らかに上昇し変化が見えてきているにも関わらず、量的緩和政策は 2006 年 3 月まで解除されませんでした。ただ、消費者物価指数は減少が緩やかになってはいますが、上昇するところまでには至っていません。

図 8.5 を見ると、2003 年 4 月以降もマネーストックは増加していきます。グラフではわかりにくいですが、「異次元の金融緩和」以降の増加率はそれ以前より大きくなっています。それに伴って、消費者物価指数も国内企業物価指数も緩やかながら上昇しています。ただ、2014 年 4 月以降の急激な増加は、消費税率引き上げによるものと考えられます。しかし、このような異常なまで

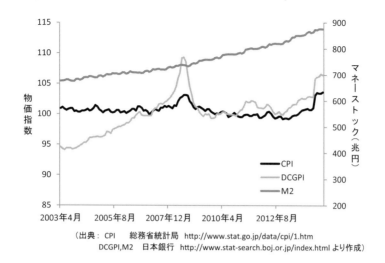

図 8.5　物価指数とマネーストック（2003 年 4 月～2014 年 8 月）

のマネーストックの増加は、はたして経済の回復に関わっていたのでしょうか。

8.2　相関係数と回帰分析

8.1 節から見ると、物価とマネーストックにはなんらかの関係がありそうです。これらの関係をもう少し詳細に見るために、相関係数の計算と回帰分析を行ってみましょう。

8.2.1　物価指数とマネーストックの相関係数

2 種類のデータを $\{(x_1, y_1), (x_2, y_2), \cdots, (x_n, y_n)\}$（$n$ はデータ数）とすると、相関係数は次式で表されます。

$$r = \frac{\sum_{i=1}^{n}(x_i - \bar{x})(y_i - \bar{y})}{\sqrt{\sum_{i=1}^{n}(x_i - \bar{x})^2}\sqrt{\sum_{i=1}^{n}(y_i - \bar{y})^2}}$$

ただし、$\bar{x}$ は $\{x_i, i=1, \cdots, n\}$ の平均値、$\bar{y}$ は $\{y_i, i=1, \cdots, n\}$ の平均値とします。

相関係数の式から明らかなように、データを $\{(x_1, x_1), (x_2, x_2), \cdots, (x_n, x_n)\}$ とすると相関係数 r は 1 になります。同様に、データを $\{(x_1, -x_1), (x_2, -x_2), \cdots, (x_n, -x_n)\}$ とすると、r は -1 となります。これらは完全な相関があると言いますが、実際のデータではここまで極端になることはほとんどありません。そこで、相関係数がほぼ 1 または-1 に近い場合を散布図に描いてみます（図 8.6 の (A)、(C)）。x の値が増加すると y も増加する関係を正の相関、反対に x の値が増加すると y が減少する関係を負の相関と呼んでいます。図 8.6 の (A) は、相関係数が 0.921 となり 1 に近い値なので、非常に強い正の相関があると言えます。同様に、図 8.6 の (C) は、相関係

数が -1 に近い値なので、非常に強い負の相関があると言えます。散布図からも、x の値と y の値の関連性が非常に強いことがわかります。一方、図 8.6 の (B) は、x の値と y の値に何の関連性も見られません。相関係数はほとんど 0 です。このような場合は無相関、相関がないということになります。このように、相関係数は -1 から 1 までの値をとり、2 種類のデータ間の関連性を数値で表したものです。

表 8.1 に、1970 年 1 月から 1999 年 3 月までと 1998 年 4 月から 2008 年 4 月までの消費者物価指数、国内企業物価指数、マネーサプライの相関係数、さらに、2003 年 4 月から 2014 年 8 月までの消費者物価指数、国内企業物価指数、マネーストックの相関係数を示します。表の対角線上

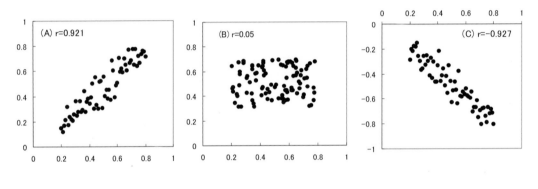

図 8.6 相関係数

表 8.1 物価指数とマネーサプライ、マネーストックの相関係数

1970 年 1 月〜1999 年 3 月

	CPI	DCGPI	M2+CD
CPI	1		
DCGPI	0.85722	1	
M2+CD	0.91788	0.59647	1

1998 年 4 月〜2008 年 4 月

	CPI	DCGPI	M2+CD
CPI	1		
DCGPI	0.43383	1	
M2+CD	-0.87425	-0.04026	1

2003 年 4 月〜2014 年 8 月

	CPI	DCGPI	M2
CPI	1		
DCGPI	0.46345	1	
M2	-0.08040	0.61049	1

(出典: CPI 総務省統計局 http://www.stat.go.jp/data/cpi/1.htm
DCGPI,M2+CD,M2 日本銀行 http://www.stat-search.boj.or.jp/index.html より作成)

8.2 相関係数と回帰分析

の値は、同じ項目同士の相関係数のためすべて1です。1970年1月から1999年3月までの期間では、消費者物価指数とマネーサプライの相関係数は 0.91788 となり、強い正の相関があります。これを散布図に描いてみると（図 8.7）、確かに右上がりに点が並んでいます。

一方、1998年4月から2008年4月までの期間では、消費者物価指数とマネーサプライの相関係数は −0.87425 で、強い負の相関があります。散布図に描いてみると図 8.8 のようになり、2007年以降（図 8.8 のマネーサプライが 700 兆円以上の箇所）を除けば右下がりにプロットした点が並んでいます。すなわち、消費者物価指数とマネーサプライの関係が、1970年1月から1999年3月までと 1998年4月から 2008年4月まででではまるで逆になっているということです。1970年

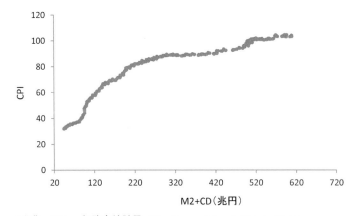

（出典： CPI　総務省統計局 http://www.stat.go.jp/data/cpi/1.htm
M2+CD　日本銀行 http://www.stat-search.boj.or.jp/index.html より作成）

図 **8.7**　消費者物価指数とマネーサプライ（1970年1月～1999年3月）

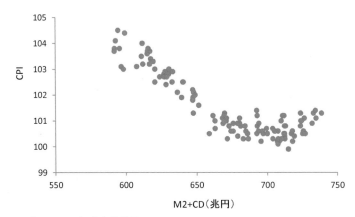

（出典： CPI　総務省統計局 http://www.stat.go.jp/data/cpi/1.htm
M2+CD　日本銀行 http://www.stat-search.boj.or.jp/index.html より作成）

図 **8.8**　消費者物価指数とマネーサプライ（1998年4月～2004年8月）

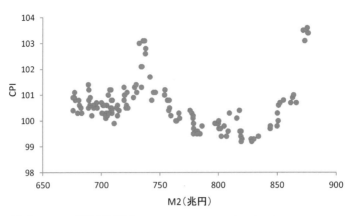

（出典： CPI　　総務省統計局　http://www.stat.go.jp/data/cpi/1.htm
　　　　M2　　日本銀行　http://www.stat-search.boj.or.jp/index.htmlより作成）

図 8.9　消費者物価指数とマネーストック（2003 年 4 月〜2014 年 8 月）

1 月から 1999 年 3 月までは、マネーサプライが増加すると消費者物価指数が上昇しています。それに対し、1998 年 4 月から 2008 年 4 月までは、マネーサプライが増加すると消費者物価指数が下落しています。

興味深いのは、2003 年 4 月から 2014 年 8 月までの消費者物価指数とマネーストックです。図 8.9 を見ると、図 8.7 や図 8.8 とはまったく異なっています。相関係数は −0.0840 となっていますので、これは図 8.6 の (B) と同様のほぼ無相関です。ゼロ金利政策から異次元の金融緩和と、ひたすらマネーストックを増やしてきましたが、消費者物価指数とは何の関係も見られない状況が続いています。ちなみに、図 8.9 の右上にあるデータは、すべて 2014 年 4 月以降のものです。異次元の金融緩和のなかでの消費税率引き上げが、この異常さをもたらしたと考えらえます。

一方、国内企業物価指数とマネーサプライ、マネーストックは、1970 年 1 月から 1999 年 3 月までと 2003 年 4 月から 2014 年 8 月までは、正の相関が認められます。しかし、1998 年 4 月から 2008 年 4 月まではほぼ無相関です。図 8.4 を見ると、マネーサプライの増加に関係なく国内企業物価指数は増減しています。また、図 8.3 や図 8.5 では、両者はともに増加傾向を示しています。このように、相関係数を用いると、グラフに見られる 2 種類のデータの関係を数値でとらえることができます。

8.2.2　前年同月比で見た物価指数とマネーストック

物価やマネーサプライ、マネーストックは、数値が上昇したり下落したりするときの変化の度合いに重要な意味があります。そこで、消費者物価指数、国内企業物価指数、マネーサプライとマネーストックについて、前年の同時期の数値に対する変化量の割合、すなわち前年同月比を計

8.2 相関係数と回帰分析

算してグラフを描いてみます。例えば、1971 年 4 月のマネーストックの前年同月比は、下記の式で計算します。

$$\text{前年同月比} = \frac{1971 \text{年 4 月のマネーストック} - 1970 \text{年 4 月のマネーストック}}{1970 \text{年 4 月のマネーストック}} \times 100$$

1971 年 1 月から 1999 年 3 月までを図 8.10 に、1999 年 4 月から 2008 年 4 月までを図 8.11 に、2004 年 4 月から 2014 年 8 月までを図 8.12 に示します。

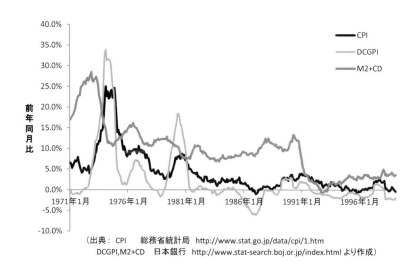

図 8.10　物価指数とマネーサプライの前年同月比（1971 年 1 月〜1999 年 3 月）

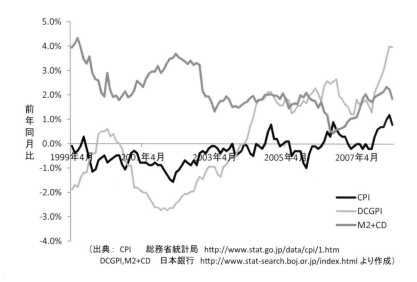

図 8.11　物価指数とマネーサプライの前年同月比（1999 年 4 月〜2008 年 4 月）

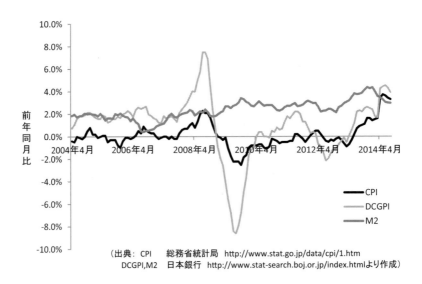

図 8.12　物価指数とマネーストックの前年同月比（2004 年 4 月〜2014 年 8 月）

　消費者物価指数のオイルショックによる影響は、図 8.1 では国内企業物価指数ほど顕著に現れませんでしたが、図 8.10 の前年同月比のグラフを見るとはっきりととらえられています。もちろん、国内企業物価指数にはさらに大きな変動が見られます。マネーサプライの前年同月比は、1973 年の変動相場制への移行後からバブル崩壊までの期間では約 10 ％あたりの変動で、バブル崩壊後は 5 ％以下を保っています。図 8.10 を見ると、消費者物価指数と国内企業物価指数の前年同月比はかなり似通った動きをしていますが、これらとマネーサプライの前年同月比にはあまり関連性が見受けられません。

　興味深いのは図 8.11 です。図 8.4 では、マネーサプライだけが増加し、消費者物価指数や 2003 年までの国内企業物価指数は下落しています。ところが、図 8.11 を見ると、国内企業物価指数の前年同月比とマネーサプライの前年同月比は、2003 年半ばごろまで鏡に映したようにまったく逆の動きをしています。マネーサプライの前年同月比が減少すると企業物価指数の前年同月比が上昇する、すなわちマネーサプライの増加が前年よりも緩やかになると企業物価指数が前年より上昇するわけです。そして、2003 年 7 月以降はマネーサプライの前年同月比はしばらく横ばいになりますが、企業物価指数の前年同月比はその間に急激に増加しています。それに対して、消費者物価指数は国内企業物価指数ほどマネーサプライとの関連性は見られません。

　図 8.12 を見ると、消費者物価指数前年同月比も国内企業物価指数前年同月比も、リーマンショックによる物価下落が大きく表れています。マネーストックの前年同月比は 2012 年 11 月から急上昇しています。それが 2013 年 4 月の異次元の金融緩和でさらに拡大し、2013 年 11 月にはとうとうこの期間で最大の 4.4 ％にまで達しました。それに伴って物価の前年同月比も上昇していますが、2014 年 1 月以降のマネーストックの前年同月比は急速に低下し、2014 年 8 月には 3.0 ％まで

8.2 相関係数と回帰分析

表 8.2 物価指数とマネーサプライ、マネーストック前年同月比の相関係数

1971 年 1 月～1999 年 3 月（前年同月比）

	CPI	DCGPI	M2+CD
CPI	1		
DCGPI	0.86215	1	
M2+CD	0.45147	0.31821	1

1999 年 4 月～2008 年 4 月（前年同月比）

	CPI	DCGPI	M2+CD
CPI	1		
DCGPI	0.75136	1	
M2+CD	-0.53515	-0.67514	1

2004 年 4 月～2014 年 8 月（前年同月比）

	CPI	DCGPI	M2
CPI	1		
DCGPI	0.77215	1	
M2	0.09033	-0.17760997	1

（出典： CPI　総務省統計局　http://www.stat.go.jp/data/cpi/1.htm
DCGPI,M2+CD,M2　日本銀行　http://www.stat-search.boj.or.jp/index.html より作成）

減少しています。これが 2014 年 11 月の追加の金融緩和実施につながったのですが、物価の前年同月比は消費税率の引き上げで急上昇しました。

では、1971 年 1 月から 1999 年 3 月までと、1999 年 4 月から 2008 年 4 月までの期間の消費者物価指数、国内企業物価指数、マネーサプライの前年同月比の相関係数、および 2004 年 4 月から 2014 年 8 月までの消費者物価指数、国内企業物価指数、マネーストックの前年同月比の相関係数を計算してみましょう（表 8.2）。

前年同月比で物価指数とマネーサプライ、マネーストックを見てみると、消費者物価指数と国内企業物価指数は、いずれの期間においてもかなり強い相関が見られます。表 8.1 で示したように、マネーサプライ、マネーストックと消費者物価指数の間には、1970 年 1 月から 1999 年 3 月では強い正の相関、1998 年 4 月から 2008 年 4 月では強い負の相関、そして 2003 年 4 月から 2014 年 8 月では無相関という際立った違いが見られました。表 8.2 でも、その傾向は見られますがいずれも相関は弱くなっています。逆に、1999 年 4 月から 2008 年 4 月の国内企業物価指数前年同月比とマネーストック前年同月比は、表 8.1 では相関が見られなかったのに対し、表 8.2 では強い負の相関があります。図 8.11 で「まったく逆の動きをしている」と指摘した関係が、-0.67514 という負の相関係数で表されています。

8.2.3　マネーストックと国内企業物価指数の回帰分析

国内企業物価指数と国内企業物価指数の相関係数は、同じ項目同士なので当然 1 です。これは一方の値がわかれば、もう一方の値がいくらかということを 100％知ることができる関係です。このような特別な場合ではなくても、2 種類のデータの間に強い相関が認められれば、一方の値からもう一方の値の見当をつけることができます。このように 2 種類のデータの関係を表す式を求める、これが回帰分析です。得られた式を回帰式と呼び、予測を行うためにも用いられます。

表 8.1 によると、2003 年 4 月から 2014 年 8 月までの期間では、マネーストックと国内企業物価指数の間に正の相関があります。これを散布図に描いたのが図 8.13 で、相関係数は 0.61049 です。

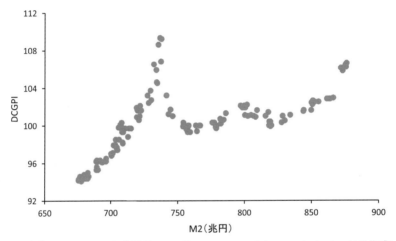

（出典：DCGPI, M2　日本銀行 http://www.stat-search.boj.or.jp/index.html より作成）

図 8.13　マネーストックと国内企業物価指数（2003 年 4 月～2014 年 8 月）

図 8.13 を見ると、マネーストックと国内企業物価指数の値をプロットした点は、リーマンショックの際の異常値を除けば、正の傾きをもった直線の周りに分布しているといえます。この直線の式、すなわち回帰式を求めることにより、マネーストックと国内企業物価指数の関係を定量的にとらえることができます。

では、2003 年 4 月から 2014 年 8 月の期間を対象にして、マネーストックと国内企業物価指数の回帰分析を行ってみます。回帰分析では、2 種類のデータ間の関係を表す式を、「一方の値（Y）をもう一方の値（X）を使って説明する」と表現します。説明されるほう（目的変数、被説明変数）が Y、説明するほう（説明変数）が X です。ここでは、説明されるほう（Y）が国内企業物価指数で、説明するほう（X）がマネーストックとします。分析結果を表 8.3 に示します。

国内企業物価指数をマネーストックによって説明する回帰式は、以下のように表されます。

$$Y = 0.033527X + 74.83486$$

8.2 相関係数と回帰分析

表 8.3 マネーストックと国内企業物価指数の回帰分析の結果（2003 年 4 月～2014 年 8 月）

回帰統計	
重相関 R	0.610492
重決定 R2	0.3727
補正 R2	0.368054
標準誤差	2.560469
観測数	137

分散分析表

	自由度	変動	分散	観測された分散比	有意 F
回帰	1	525.8444	525.8444	80.20812677	2.37E-15
残差	135	885.0599	6.556		
合計	136	1410.904			

	係数	標準誤差	t	P-値	下限 95 %	上限 95 %
切片	74.83486	2.838631	26.36301	4.29904E-55	69.22092	80.4488
M2	0.033527	0.003744	8.955899	2.3696E-15	0.026123	0.040931

表 8.3 の最後にある「M2」と「切片」の係数の欄に、この式の係数の値が表示されています。回帰式の X にマネーストックの値 $\{x_i, i=1,\cdots,n\}$ を入れて、予測値 $\{Y_i, i=1,\cdots,n\}$ を計算します。n はデータの数です。当然ですが、この Y_i の値は実際の国内企業物価指数 $\{y_i, i=1,\cdots,n\}$ とは少しずつ違っています。この違い ($y_i - Y_i$) を残差といいます。

表 8.3 の「重決定 R2」は、一般的には決定係数と呼ばれています。決定係数 r^2 は、国内企業物価指数の全変動（平均値との差の 2 乗の合計）から残差の変動（残差の 2 乗の合計）を除いた値と、全変動の比で計算されます。

$$r^2 = \frac{\sum_{i=1}^{n}(y_i - \bar{y})^2 - \sum_{i=1}^{n}(y_i - Y_i)^2}{\sum_{i=1}^{n}(y_i - \bar{y})^2}$$

$\bar{y}$ は国内企業物価指数 $\{y_i, i=1,\cdots,n\}$ の平均値です。この式から、決定係数は 0 と 1 の間の値をとり、値が 1 に近いほど残差の変動が少なく回帰式の当てはまりがよいということになります。表 8.3 の結果では、決定係数が 0.3727 となっていますので、国内企業物価指数をマネーストックによって説明する上記の回帰式はそれほど精度が高いとはいえないようです。

決定係数の正の平方根 r が、表 8.3 の重相関の欄にある重相関係数です。重相関係数は、実際に観測された値と予測値の相関係数にあたります。ここでは、国内企業物価指数の予測値はマネーストックという 1 つの変数で説明されていますので、重相関係数の値は国内企業物価指数とマネーストックの相関係数に等しくなります。ただし、正の平方根として計算されているため、相関係数の符号は反映されていません。

分散分析表は、得られた回帰式の信頼性、即ち予測に役立つかどうかを検定しています。最初に、「予測に役立たない」、即ち「回帰式のすべての係数が同時に 0 になる」という仮説をたてます。本当は役立つことを示したいのですが、それとは反対の仮説をたてます。これを帰無仮説と

言います。この帰無仮説を前提にした上で回帰式が得られたとした場合、そのようなことはめったに起こらないことと判断できるなら、帰無仮説を捨て去り（無に帰する）回帰式は役立つとします。このめったに起こらないことが起こったのか、そうではないのかを判断する統計量が次に示す F の値です。各 y_i が正規分布に従うならば、次式で計算される F は、帰無仮説が真であるという仮定のもとで、自由度 $(p, n-p-1)$ の F 分布に従います。

$$F = \frac{\sum_{i=1}^{n}(Y_i - \bar{y})^2}{p} \bigg/ \frac{\sum_{i=1}^{n}(y_i - \bar{y})^2}{n-p-1}$$

n はデータの数で、p は説明変数の数です。この F の値は表 8.3 の「観測された分散比」に記載されています。めったに起こらないことが起こったかどうかは、表 8.3 の「有意 F」にある F の値の確率で判断します。この「有意 F」の値が設定した有意水準（危険率）より小さい場合、すべての係数が同時に 0 になり予測に役立たないということはほとんど起こりえないとされ、得られた回帰式は予測に役立つと判断されます。有意水準は 5％ と設定されることが多いため、「有意 F」の値が 0.05 以下かどうかが判断の基準になっています。国内企業物価指数をマネーストックによって説明するこのモデルでは、「有意 F」は $2.37E-15$（2.37×10^{-15}）となっていますので、この回帰式は十分信頼性が高いということになります。

国内企業物価指数をマネーストックによって説明するこのモデルでは、説明変数が 1 つだけです。「回帰式のすべての係数が同時に 0 になる」という仮説は、説明変数が複数あることを前提にしています。この場合、この仮説の反対の仮説（対立仮説）は「すべての係数のうち少なくとも 1 つは 0 でない」ということになります。ということは、説明変数が複数の場合は 1 つ 1 つの係数の検定も行い、その説明変数が予測に役立っているかどうかを検証しなくてはなりません。回帰式の係数が出力されている横に、検定統計量 t 値とその確率を表す P-値が出力されています。これらは回帰式を決定するそれぞれの説明変数が、予測のために有効かどうか（係数が 0 になる）を検定するものです。t 値の絶対値が大きいほど、言いかえれば確率 P-値が小さいほど係数の信頼性が高いことになります。分散分析と同様に、この確率 P-値も 0.05 以下であれば信頼性が高いと判断しています。表 8.3 によると、マネーストックの P-値は十分小さな値のため、マネーストックは国内企業物価指数の予測に役立つと解釈できます。説明する値（X）が 1 つの場合は、この P-値と「有意 F」は同じ値になります。説明変数が複数の場合は、「有意 F」の値とそれぞれの P-値を確認してください。もし、P-値が大きな値になった場合、その説明変数を予測に用いるのは不適ということになります。削除するか、他の変数を取り入れるかして回帰分析をやり直します。

次に、得られた回帰式のグラフを見てみましょう（図 8.14）。回帰式の X の係数 0.033527 は、マネーストックが 1 兆円増加すると、国内企業物価指数は約 0.0335 増加するということを表しています。また、この回帰式に想定されるマネーストックの値を与えれば、国内企業物価指数を予測することができます。ただし、グラフから見てもわかるように、回帰式から大きく離れた点がいくつもあります。実際の国内企業物価指数の値と回帰式による予測値のグラフを図 8.15 に示します。

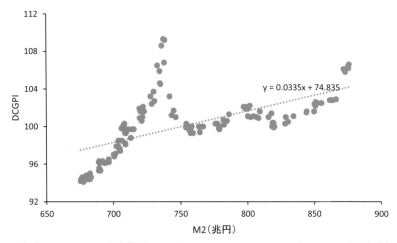

（出典：DCGPI,M2　日本銀行　http://www.stat-search.boj.or.jp/index.htmlより作成）

図 8.14　マネーストックと国内企業物価指数の回帰式（2003 年 4 月～2014 年 8 月）

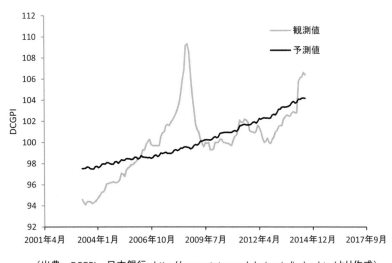

（出典：DCGPI　日本銀行　http://www.stat-search.boj.or.jp/index.htmlより作成）

図 8.15　国内企業物価指数の予測結果（2003 年 4 月～2014 年 8 月）

8.3　経済活動とマネーストックの重回帰分析

　表 8.2 に示すように、2004 年 4 月から 2014 年 8 月までの前年同月比で見た物価指数とマネーストックにはほとんど相関がありません。マネーストックの前年同月比が増加しても、物価指数の前年同月比には関係しないということです。一般的には、必要以上にお金が出回るとインフレが発生するとされていますが、このグラフが示しているのはインフレにもデフレにもならないということです。なぜ、このようなことが起こっているのか、もう少し詳細な分析をしてみます。

8.3.1　問題設定：経済活動との関連性

マネーストックとは、「現実の経済に出回っているお金の量」のことです。マネーストックは、例えば銀行がお金を貸し出し、それが企業の投資増大となるときに増加します。すなわち、経済活動が活発になった場合にマネーストックは増えるわけです。日本銀行は多くの通貨を供給することで経済活動を活発にし、その結果としてマネーストックを増やそうとしているのですが、これがうまく働いていないために上記のようなことが起こっているのではないかと考えられます。

そこで、経済活動とマネーストック、物価指数の関連性を分析してみることにします。経済活動をモノの面からとらえる指標として、鉱工業生産指数と第3次産業活動指数があります。鉱工業生産指数は製造業の生産量を指数化したもので、製造業の活動を表しています。第3次産業活動指数は、文字通り第3次産業（サービス業、小売業など）の生産活動を表すものです。これらの指標が示すものと、マネーストックの関係はどのようになっているのでしょうか。また、物価指数とこれらの指標やマネーストックとの関係を回帰分析を行うことで明らかにしてみます。

8.3.2　データの収集：鉱工業生産指数と第3次産業活動指数

鉱工業生産指数と第3次産業活動指数は、ともに経済産業省のホームページ（http://www.meti.go.jp/）に月ごとの統計データが掲載されています。そこに書かれている説明では、鉱工業指数（IIP:Indices of Industrial Production）とは、「鉱工業製品を生産する国内の事業所における生産、出荷、在庫に関連する諸活動を体系的にとらえたもの」となっています。作成方法は「生産動態統計調査などにより調査している品目のうち主要なものを採用品目とし、それぞれ生産、出荷、在庫、在庫率などについての個別指数を基準年次（西暦年の末尾が0又は5の年）のウェイトで加重平均して総合指数を作成」しています。ここでは生産量から鉱業、製造業の活動をとらえるために、鉱工業生産指数のデータを分析の対象とします。現在公表されている鉱工業生産指数は、2010年基準のものです。指数の採用品目数は487品目で、化学工業、繊維工業、機械工業など多くの業種の製品が対象となっています。

第3次産業活動指数（ITA:Indices of Tertiary Industry Activity）は、「第3次産業に属する業種の生産活動を総合的にとらえることを目的とした指数であり、総合指数は個別業種のサービス（役務）の生産活動を表す系列を、各業種の付加価値額をウエイトとして総合したもの」（http://www.stat.go.jp/data/chouki/16exp.htm）とされており、第3次産業の生産活動を数量面からとらえようとしている指数です。しかし、製造業などと違ってサービス業のような産業では、生産活動を数値としてとらえきれないものも多くあり、そのような場合は「生産活動を代用し得ると考えられる系列」が選定されています。

8.3.3 モノの面から見た経済活動とマネーストック

2003年4月から2014年8月の期間における物価指数とマネーストック、鉱工業生産指数（IIP）と第3次産業活動指数（ITA）を図8.16に示します。

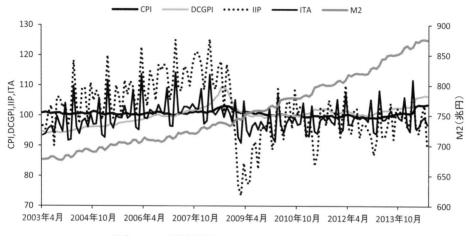

（出典： CPI　総務省統計局 http://www.stat.go.jp/data/cpi/1.htm
DCGPI, M2　日本銀行 http://www.stat-search.boj.or.jp/index.html
IIP, ITA　経済産業省 http://www.meti.go.jp/statistics/index.htmlより作成）

図 8.16　物価、マネーストックと生産活動の指数（2003年4月～2014年8月）

図8.16を見ると、第3次産業活動指数と鉱工業生産指数は、物価指数に比べて変動幅がとても大きいことがわかります。特に、鉱工業生産指数は第3次産業活動指数よりも変動が大きく表れています。これは季節変動で、第3次産業活動指数では7月、9月、12月、3月の順に値が大きくなる山を持っており、年末と年度末において特に生産活動が活発になっています。さらに、第3次産業活動指数も鉱工業生産指数も、2008年9月のリーマンショックを機に大幅な減少をしています。

第3次産業活動指数は、2003年4月以降、変動を繰り返しながらも緩やかな増加傾向を保っています。それが、リーマンショックの影響で減少し、その後も以前ほどの増加傾向は見られません。ただ、もっとも大きく落ち込んだのは消費税が8％に引き上げられた2014年4月で、2003年4月以降で最大の減少です。リーマンショックより、消費税率引き上げのほうが第3次産業活動指数への影響は大きかったと言えます。

鉱工業生産指数へのリーマンショックの影響は、第3次産業活動指数よりもさらに大きく表れています。2008年9月以降急速に減少し、2009年2月にはこの期間の最小値73.5を記録しました。また、2011年4月にも大幅な落ち込みが見られます。東日本大震災です。第3次産業活動指数ではこのような大きな減少として表れてはいませんが、製造業の生産活動は震災でかなりの影響を受けたことがわかります。

表 8.4 物価、マネーストックと生産活動の指数の相関係数（2003 年 4 月～2014 年 8 月）

	CPI	DCGPI	IIP	ITA	M2
CPI	1				
DCGPI	0.46345	1			
IIP	0.16949	0.01158	1		
ITA	0.07493	0.16879	0.63894	1	
M2	-0.08040	0.61049	-0.39134	-0.02931	1

（出典： CPI　　総務省統計局　http://www.stat.go.jp/data/cpi/1.htm
　　　　DCGPI,M2　日本銀行　http://www.stat-search.boj.or.jp/index.html
　　　　IIP,ITA　経済産業省　http://www.meti.go.jp/statistics/index.html より作成）

　生産活動を表す指標と、物価指数、マネーストックの相関係数を、表 8.4 に示します。

　物価指数とマネーストックの相関係数の値は、表 8.1 と同じで、第 3 次産業活動指数と鉱工業生産指数の相関はかなり高いですが、これは季節変動による相関も含まれていますのでやや高めに出ていると考えられます。それを除けば、第 3 次産業活動指数と物価やマネーストックの相関はあまり見られません。鉱工業生産指数もほぼ同様で強い相関は見られませんが、マネーストックと鉱工業生産指数には負の相関が見られます。

　このように季節変動が見られるデータは、指数の値そのものを分析するより、前年同月比で検討したほうがよいと考えられます。そこで、2004 年 4 月から 2014 年 8 月までの物価、マネース

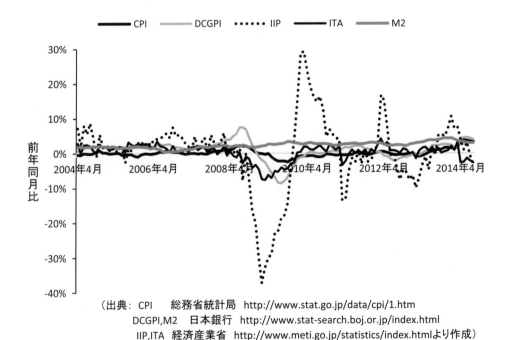

図 8.17 物価、マネーストックと生産活動の指数の前年同月比（2004 年 4 月～2014 年 8 月）

トックと生産活動の指数の前年同月比を計算してみます（図 8.17）。

第 3 次産業活動指数の前年同月比の変動はかなり小さくなっていますが、鉱工業生産指数の前年同月比はやはり大きく変動しています。指数の値で見た変化が、前年同月比にすると明確に現れています。2008 年 10 月から減少し始めた鉱工業生産指数前年同月比は、2009 年 2 月には最低の -37.2% にまで急激に減少しています。それが 2010 年 3 月に 29.2% まで回復するものの、東日本大震災により 2011 年 4 月には再び -13.4% まで落ち込んでいます。前年同月比で見ると、リーマンショックの影響でいかに急激に落ち込み、急激に回復したかがよくわかります。

表 8.5　物価、マネーストック、生産活動指数前年同月比の相関係数（2004 年 4 月～2014 年 8 月）

	CPI	DCGPI	IIP	ITA	M2
CPI	1				
DCGPI	0.77215	1			
IIP	0.14059	0.38050	1		
ITA	0.04349	0.40769	0.78869	1	
M2	0.09033	-0.17761	-0.00413	-0.18441	1

（出典：　CPI　　　　総務省統計局　http://www.stat.go.jp/data/cpi/1.htm
　　　　DCGPI,M2　日本銀行　　　http://www.stat-search.boj.or.jp/index.html
　　　　IIP,ITA　　　経済産業省　　http://www.meti.go.jp/statistics/index.html より作成）

これらの相関係数を表 8.5 に示します。もっとも強い相関があるのは、鉱工業生産指数と第 3 次産業活動指数の 0.78869 です。次いで、国内企業物価指数と消費者物価指数の 0.77215 です。マネーストックは、各指数とほとんど相関が見られなくなっています。

8.3.4　国内企業物価指数を予測する

2004 年 4 月から 2014 年 8 月の期間について、国内企業物価指数の前年同月比を、消費者物価指数、鉱工業生産指数、第 3 次産業活動指数、マネーストック、それぞれの前年同月比を用いて予測してみます。回帰分析の結果を表 8.6 に示します。

8.2.3 の回帰分析で得られた回帰式は $Y = aX + b$ という直線で表され、説明するもの（X）が 1 つしかありませんでした。ところがここでは、説明変数が 4 つになっています。このように説明するものが複数個ある場合の回帰分析を重回帰分析と呼んでいます。説明変数が 1 つの場合は、単回帰分析といいます。

説明変数が多くなれば説明力の高いモデルが得られますが、予測に役立たない変数を加えても意味がありません。また、そのような変数を加えることで予測の精度が落ちることもあります。その変数が予測に役に立っているかどうかの検定は、単回帰分析と同様に係数（重回帰分析の場合、偏回帰係数といいます）の「P-値」が十分小さな値になっているかどうかで判断します。また、回帰式に意味があるかどうかを検定する「有意 F」の値も確認してください。単回帰分析で

表 8.6 国内企業物価指数前年同月比の回帰分析（2004 年 4 月～2014 年 8 月）

回帰統計	
重相関 R	0.876996
重決定 R2	0.769122
補正 R2	0.761427
標準誤差	0.013341
観測数	125

分散分析表

	自由度	変動	分散	観測された分散比	有意 F
回帰	4	0.071155	0.017789	99.93903	2.995E-37
残差	120	0.021359	0.000178		
合計	124	0.092514			

	係数	標準誤差	t	P-値	下限 95 %	上限 95 %
切片	0.02089	0.00383	5.456182	2.66E-07	0.013309	0.028469
CPI	1.90511	0.11003	17.313872	2.01E-34	1.687255	2.122974
IIP	0.00205	0.01893	0.108455	0.913816	-0.035426	0.039532
ITA	0.38413	0.08635	4.448283	1.95E-05	0.213154	0.555107
M2	-0.61464	0.15202	-4.043111	9.36E-05	-0.915635	-0.313649

はこれらの値は一致していましたが、重回帰分析では回帰式が予測に役立つかどうかと、それぞれの説明変数が予測に役立つかどうかは異なってきます。

表8.6を見ると、有意Fはほとんど0となっています。よって、国内企業物価指数前年同月比を、消費者物価指数、鉱工業生産指数、第3次産業活動指数、マネーストック、それぞれの前年同月比用いて予測するこのモデルは信頼性の高いモデルであることがわかります。次にそれぞれの説明変数の偏回帰係数を見てみると、鉱工業生産指数の偏回帰係数のP-値がとても大きな値になっています。これは国内企業物価指数前年同月比の予測に、鉱工業生産指数前年同月比が役立っていないということを表しています。表8.5を見ると、鉱工業生産指数前年同月比と第3次産業活動指数前年同月比の相関係数は0.78869でした。このように変数間にかなり強い相関がある場合には、説明変数に両方を使用する必要がないということです。ここでは、4つの説明変数による分析結果を用いて回帰式と予測結果を示しておきますが、鉱工業生産指数前年同月比を除いたモデルはみなさんで作成してみてください。

表8.6の結果から、回帰式は次のように表されます。

$$Y = 1.90511 X_1 + 0.00205 X_2 + 0.38413 X_3 - 0.61464 X_4 + 0.02089$$

X_1が消費者物価指数前年同月比、X_2が鉱工業生産指数前年同月比、X_3が第3次産業活動指数前年同月比、X_4がマネーストック前年同月比です。消費者物価指数前年同月比と第3次産業活動指数前年同月比の偏回帰係数は正ですが、マネーストックは負になっています。表8.5を見ると、国内企業物価指数前年同月比とマネーストック前年同月比の相関係数は -0.07761 となって

8.3 経済活動とマネーストックの重回帰分析

いますので、やはりマネーストック前年同月比は国内企業物価指数前年同月比に対して負の影響を与えていると言えます。この回帰式による国内企業物価指数前年同月比の予測結果を図 8.18 に示します。

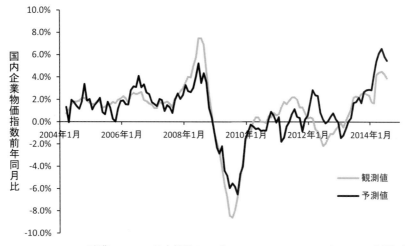

（出典： DCGPI 日本銀行 http://www.stat-search.boj.or.jp/index.htmlより作成）

図 8.18　国内企業物価指数前年同月比の予測結果（2004 年 4 月〜2014 年 8 月）

図 8.18 を見ると、回帰式から得られた予測値は、国内企業物価指数前年同月比の変化をかなりよくとらえています。ただ、リーマンショックの変動は実際より小さめに予測し、2014 年 4 月の消費税率の上昇には実際より大きく予測されています。また、2010 年あたりから観測値と予測値のずれが大きくなっていることから、この回帰式は 2010 年あたりまでの予測には役立っていますが、その後の変動の予測にはあまり精度のよいモデルにはなっていないようです。リーマンショックの前後では、経済活動の変動要因に何か変化が見られるのかもしれません。

8.3.5　むすび

経済活動とマネーストックの関係を分析するために、2003 年 4 月から 2014 年 8 月の期間における物価指数とマネーストック、鉱工業生産指数、第 3 次産業活動指数の関係を調べてみました。

第 3 次産業活動指数も鉱工業生産指数も、2008 年 9 月のリーマンショックを機に大幅な減少をしています。さらに、第 3 次産業活動指数は、リーマンショックより消費税率引き上げのほうが大きな影響を受けていることがわかりました。鉱工業生産指数へのリーマンショックの影響は、第 3 次産業活動指数よりもさらに大きく表れています。第 3 次産業活動指数では顕著に表れなかった東日本大震災の影響も、鉱工業生産指数では大幅な落ち込みが見られます。このような生産活動を表す指標とマネーストックの関係を見ると、第 3 次産業活動指数とは無相関ですが、鉱工業生

産指数とは負の相関が見られました。すなわち、マネーストックが増加すれば、鉱工業生産指数は減少するという関係です。

次に、前年同月比でこれらを分析すると、鉱工業生産指数の変動が非常に大きく、リーマンショックの落ち込みと回復が明確に示されています。相関係数を計算したところ、マネーストックはどの指数とも相関が見られませんでした。

国内企業物価指数前年同月比を、消費者物価指数、鉱工業生産指数、第3次産業活動指数、マネーストック、それぞれの前年同月比を説明変数として重回帰分析を行ってみました。その結果、信頼性の高いモデルは得られましたが、国内企業物価指数前年同月比の予測に、鉱工業生産指数前年同月比が役立っていないということが判明しました。これは、鉱工業生産指数前年同月比と第3次産業活動指数前年同月比に強い相関が見られることが原因です。さらに、マネーストックの偏回帰係数が負になっていることから、マネーストック前年同月比は国内企業物価指数前年同月比に対して負の影響を与えていると言えます。金融緩和政策が「異次元」と呼ばれるまでに拡大していますが、これがモノの面から見た経済活動を活発にし、物価を上昇させることにつながるのかは、疑問の余地が大いにあると考えられます。

課題

1. ここでは、物価指数とマネーストック、鉱工業生産指数、第3次産業活動指数の前年同月比で重回帰分析を行いました。前年同月比ではなく、指数の値を用いて重回帰分析を行ってみると、どのような予測ができるでしょうか。図8.14の単回帰分析の結果と比較してみましょう。

2. 図8.18を見ると、国内企業物価指数の前年同月比を、消費者物価指数、鉱工業生産指数、第3次産業活動指数、マネーストック、それぞれの前年同月比で予測するモデルは、2010年以降は当てはまりがあまりよくありません。リーマンショック前後で、何かが変化したのでは推測されます。リーマンショック前とリーマンショック後でそれぞれのモデルを作成するとどのようになるのでしょうか。

第9章
みんなで研究発表—少子化問題

　情報の収集から分析まで、いくつかの具体的な例を用いてみてきました。これらを参考に、次は独自のテーマを設定して研究発表をしてみましょう。

　ただし、これまでと違う点が1つあります。それは、「みんなで研究発表」をすることです。グループでテーマを設定し、グループで1つのレポートにまとめます。もちろん、一人一人が分析を行い、その結果をまとめて1つのレポートに仕上げます。そして、グループでプレゼンテーションを行い議論をします。グループでまとめるというのは、たいへんな作業です。それぞれがどのような内容を分担して1つのレポートにまとめるのか、一人一人の分析をまとめたときにオリジナリティのある結論が得られるのか、また、みんなの意見がまとまらない、集まって議論をする時間がとれないなど、やってみると難問山積です。協力して1つの仕事を完成させるというのも、ぜひ体験して欲しいことです。

9.1　研究発表をする

　これまでは、分析した結果をレポートにまとめてホームページで公開することにより、自分の意見を発表してきました。このような方法を用いることで、多くの人から有益な意見を聴くことができ、それに対する回答を通じて双方向の議論ができます。しかし、面と向かってフェースツーフェースで議論するのとは大きな違いがあります。やはり、双方の考えが直接伝わる対面のほうが、議論の展開はスムーズに運ぶでしょう。ここでは、最後の締めくくりとして、テーマの設定からレポートの作成、そしてフェースツーフェースで行う発表、議論まですべてをグループでこなすという研究発表を行います。

9.1.1　研究発表の手順

　研究発表は、第5章の5.1の要領で進めていきます。概略は以下のとおりです。

1. テーマを決める
2. 情報を集め現状を分析する
3. 論点を設定する
4. 結論を導く
5. レポートを作成する
6. プレゼンテーションの資料を作成する
7. プレゼンテーションを行う

　テーマの設定ですが、第5章と違って、ここで取り上げるテーマには1つだけ条件があります。それは、第6章、第7章、第8章で試みてきたような分析を必ず取り入れたテーマを設定することです。最後の締めくくりの研究発表は、この分析力を発揮したレポート、プレゼンテーションでなければなりません。このような条件をつけると、これは大変なことだと思われるかもしれません。けれども、実際のテーマ設定では、この条件をさほど気にしなくても大丈夫なのです。その理由は、次に示すテーマの例を見ていただければわかります。

1. 非正規雇用が増加する原因はどこにあるのか
2. 地球温暖化は防げるのか
3. 今の少子化対策の問題はどこにあるのか

　「非正規雇用が増加する原因はどこにあるのか」。現在、ほぼ3人に1人は非正規雇用で働いていると言われています。なぜこんなに多くの人が正規の職につけないのか、その理由を調べてみたいとテーマに設定しました。正社員になれないのは甘えているからだとか、怠けているからだという意見があります。本当にそうなのでしょうか。それを検討するためには、非正規雇用者がいつごろから増加し始めたのかがわかるグラフや、本当は正社員を希望しているのに非正規雇用で働いている人がどの程度存在するのかを示すグラフなどを描いて、正社員になれない背景を分析する必要があります。

　「地球温暖化は防げるか」。温室効果ガスの排出量を削減するために、2005年に京都議定書が発効しました。しかし、温室効果ガスをもっとも多く排出している米国は議定書から離脱し、最近大気汚染が問題となっている中国も不参加です。このままで地球温暖化は防げるのだろうか、そんな疑問からテーマとして設定しました。その判断をするためには、温室効果ガスの排出量はどの程度増加してきているか推移を調べる必要があります。これも分析です。また、温室効果ガスを排出しているものは何なのかも調べてみなくてはならないでしょう。自動車の排気ガスが原因としてあげられていますが、最近は低公害車もかなり普及してきています。効果はどの程度なのだろう、排出量と関連性はあるのだろうかなど分析することは山ほどあります。

　「今の少子化対策の問題はどこにあるのか」。出生数と合計特殊出生率の変化のグラフをみると、かなり少子化が進んでいることがわかります。そういわれて久しいのに、未だに少子化が止まりません。対策はいろいろ講じられているのに、なぜ少子化に歯止めがかからないのだろう、疑問

9.1 研究発表をする

がわいてきました。未婚化、晩婚化が進んでいることを示すグラフや、若者の所得、待機児童数、教育費などの分析も加えればもっと問題点を明確にすることができるでしょう。

このように、自由にテーマを設定しても、たいていの場合、何らかの分析を行う必要が出てきます。レポートのテーマというのは、そういうものなのです。分析を取り入れたテーマの設定という条件があっても、さほど気にしなくても大丈夫と書いたのはそのためです。

さて、研究発表の手順の5の「レポートを作成する」までは第5章で取り上げていますので、ここではレポートをみんなでまとめるためのポイントと、プレゼンテーションについて説明します。

9.1.2 みんなでまとめるレポート

グループで1つのレポートにまとめる場合も、第5章で書いた3つの基本はたいへん重要なポイントです。もう一度記載しておきますので、しっかりと頭に入れておいてください。

1. 文章が明快であること
2. オリジナリティが明確に示されていること
3. 論旨に矛盾がないこと

特に、グループの場合3はさらに重要になります。それぞれ一人一人が独自の分析を行っているため、それらを1つにまとめると支離滅裂な内容になりかねないからです。そうならないように、研究発表の手順の1の「テーマを決める」から4の「結論を導く」までの過程は、しっかりとみんなで議論をして論旨に矛盾がないようにしておかなくてはなりません。

このような議論は、フェーストゥフェースで行うのが一番です。そうは言っても、このような作業を週一回の授業時間内ですべてをこなすというのは多分不可能に近いでしょう。ただ、授業以外の時間にグループ全員が集まるということになると、これはまたたいへんなことです。みんなの都合のよい共通の時間帯を見つけるのは、忙しい現代に生きるものにとって並たいていのことではありません。

そこで活用してほしいのが、メールとホームページです。確かに、連絡を取り合うという点ではLINEのようなSNSはとても便利でしょう。でも、それぞれがまとめたレポートを共有し、各自が検討をして意見を出し合うなどという作業はLINEでは行えません。メールというコミュニケーション・ツールの重要性は、ここにあるのです。また、ホームページはメンバー全員にメールを送るという作業もなく、情報の共有が可能となります。広く公開をする公衆（Public）コミュニケーションのため注意は必要ですが、とても便利なツールです。例として、メールとホームページの利用について説明しておきます。ぜひ、活用してみてください。

(1) メーリングリストの活用

　テーマを決めた後は、ひとまずいろいろな分野からデータを収集して分析を試みることになります。この段階では、各自の分担を決めて取りかかるのが効率がよいと考えられます。しかし、相互の連絡が密でないと、論旨に矛盾のないレポートにまとめるのは難しくなるでしょう。そこで、それぞれの都合のよい時間に各自が試みた分析結果を、メールでグループの他の人に伝えます。みんなが結果を送り合えば、それぞれが全員の分析結果を入手でき全体の流れもチェックすることができます。このように、グループのメンバー全員に同じ内容のメールを送る場合、よく利用されるのがメーリングリストです。もちろん、メンバー一人一人にメールを送ってもかまいません。ただ、メンバーの人数が多くなれば、これはこれでたいへんな作業です。メーリングリストは、メールの宛先にメーリングリストのアドレスを指定すれば、そのリストに登録されているすべてのメールアドレスにメールが送られるというものです。

　みんなの分析結果を入手したら、メーリングリストを活用して議論をしましょう。さまざまな分析結果から1つの結論を出すのは結構難しい作業です。面と向かって議論をするほうがはかどるとは思いますが、そのための準備をするという意味ではメールの議論も十分役に立ちます。グループ全員が集まって議論する時間をできるだけ有効に使うためにも、メーリングリストによる議論を大いに活用してください。

(2) 中間報告はホームページに

　ある程度各自の分担箇所が完成した際には、分析結果をホームページに掲載しましょう。グループの人たちと結果を共有する意味と、他のグループへも情報を提供するためです。他のグループがどのようなテーマで、どのような分析を行っているのかを知ることは、自分たちの分析にとっても参考になります。他のグループへの情報提供は、互いに有益なことと言えます。

　また、ホームページを見てくださる方全員への情報提供も重要なことです。それによって、貴重なご意見がいただけるかもしれません。ホームページには、多方面の方からご意見がいただけるよう、自分のメールアドレスを記載するのもよいかもしれません。さらに、みなさんの作成した個人のホームページから、グループのメンバーのホームページへリンクを作成するのもよい方法です。このようにすれば、みんなの作業の進捗状況を簡単に把握することができます。

　グループでレポートをまとめるには、このような工夫が必要です。また、個人の都合も考えながら協力し合ってまとめていく、これにはリーダーシップも必要です。それぞれが力を出し合って、オリジナリティのある、論旨に矛盾のないレポートを完成させてください。

9.1.3 効果的なプレゼンテーション

　研究発表の作業における最後の段階は、プレゼンテーション資料の作成です。レポートの内容を正確にわかりやすく説明する、これがプレゼンテーションの目的です。それも、限られた時間内に終わらせなくてはなりません。決められた時間を超過して延々と発表すれば、次の人の発表時間がなくなってしまいます。時間通りにわかりやすくプレゼンテーションするためには、何をどのような順序で発表するか、あらかじめ十分検討しておく必要があります。また、時間を測りながら発表のリハーサルをすることも大事な作業となります。

　プレゼンテーションを行う意味は、説明された内容について、その場の人たちみんなで議論をすることにあります。そのためには、プレゼンテーションをする側は「正確にわかりやすく説明する」必要があります。しかし、いくら「正確にわかりやすく説明」したとしても、聴き手から何の質問もでなければ議論になりません。聴く側も必ず質問をするという姿勢で、プレゼンテーションに向かう必要があるわけです。この両者がきちんとかみ合ってはじめて、効果的なプレゼンテーションと呼べるものになります。

　そのためには、聴き手の側に立った場合、議論に参加できるよう発表をしっかりと聴きましょう。その際に、心がけてほしいことが2つあります。まずは、相手の発表を鵜呑みにしないで「本当かな??」という疑問符を持って聴くこと、もう1つは「それはちょっと違うよ!!」という批判的精神を持って聴くことです。議論の種を発見する、ちょっとしたおまじないです。試してみてください。

　プレゼンテーションには、単に口頭で発表するだけのものと、プレゼンテーション・ツールを使いながら口頭発表をするものがあります。もちろん、各種のツールを使いながら説明するほうが、「正確にわかりやすく説明する」という目的のためには大いに効果的です。少し前までは、このようなプレゼンテーションをするためには、スライドやOHPを事前に作成しなくてはならず、時間的にも経費の面でも負担の大きい作業でした。しかし、最近ではほとんどの発表がパソコンを使って行われています。コンピュータのほうが、作成するのも修正するのも簡単です。ここでは、コンピュータを利用したプレゼンテーションを行ってみましょう。

　最初に、レポートの内容のアウトラインを書き出してみます。問題提起、本論、むすび、それぞれの内容の要約です。そして、決められた発表時間内に、この内容すべてが発表できるかどうか検討してください。それができるのなら問題はありませんが、もし内容が多すぎて時間的に無理があるのなら、最も主張したい内容に絞って発表しましょう。決して欲張って早口で全部やってしまおうと考えないでください。「正確にわかりやすく説明する」という基本的なことが、おろそかになってしまいます。

　プレゼンテーションの内容が決まったら、このプレゼンテーションで何を主張するのかを短い文章で表現します。何を相手に伝えるのかを、明確にするためです。そして、これがプレゼンテーションの最後に述べる結論になります。問題提起、本論のアウトラインを、この結論に向かって

集約する形で、さらに短い文章で表します。これが、プレゼンテーションのアウトラインになります。

　このようにしてでき上がったものは、文章ばかりということになります。もちろん、必要なグラフや表も発表には用いますが、それだけではなく文章として書く内容もできるだけ視覚に訴えるようデザインを考えてほしいのです。例えば、単なる文章の羅列も、文字の大きさや色・形に変化をつける、カラフルな色をつけた図形に文字を描いてみる、文章にマッチした絵を挿入するなどです。表現にめりはりをつけることも、プレゼンテーションの大事なポイントです。興味をもって聴いてもらうために、聴き手にいかにインパクトを与えるか、ここは工夫が必要なところでしょう。しかし、決してプレゼンテーションのいちばん大事なポイント「正確にわかりやすく説明する」、これを逸脱してはいけません。余計な飾りつけばかりが目立って、肝心の内容がさっぱり見えないというのは最悪です。

　このようにしてプレゼンテーションの骨組みを作成し、何枚かのスライドに発表内容をまとめていきます。これでプレゼンテーションの小道具はできあがります。大事なことがもう1つ残っています。口頭発表のしかたです。それぞれのスライドを提示しながら発表する口頭発表の原稿も、最初はある程度作成しておいたほうがよいでしょう。しかし、決して原稿の棒読みをしないようにしてください。聴き手から有意義な議論を引き出すためには、発表内容をしっかりと理解してもらわなくてはなりません。原稿を端から読み上げるだけでは、これは不可能です。話し言葉でていねいにゆっくりと伝えましょう。さあ、ここまで準備ができれば、あとは本番を待つばかりです。

　レポートとプレゼンテーションの具体的な例を以下に示しておきますので参考にしてください。

9.2　研究発表の例

9.2.1　レポート

　少子化問題を例に、レポートとプレゼンテーションの例をあげておきます。

深刻化する少子化、その背景

学生番号　氏　　名

1. はじめに

　少子化が社会問題となって、すでに四半世紀が経過した。少子化は社会保障費の負担増大、労働力人口の減少、経済の縮小などさまざまな問題を引き起こすとされつつも、この間出生数の減少傾向は弱まる気配すらない。

　人口が長期的に一定となる出生の水準を「人口置換水準」といい、日本の場合 2.07 と言われている（注1）。「人口動態統計」（厚生労働省）によると、2013 年の合計特殊出生率は 1.43 で、1974 年以降 2.07 を上回った年は一度もない。人口を維持する水準には程遠い状態が、40 年間も続いていることになる。

　少子化の原因として未婚化・晩婚化が進んだことがあげられているが、最近では夫婦の最終的な平均出生子ども数も減少しているという指摘がなされている。さまざまな少子化対策が講じられているなかで、夫婦の出生力低下というさらなる追い討ちがかけられたその背景にはいったい何があるのだろうか。ここでは、この未婚化、晩婚化、出生力の低下を、若者がおかれている社会的、経済的な不安定さの視点から検討する。

2. 少子化の現状

　少子化の現状は、出生数と合計特殊出生率からとらえることができる。合計特殊出生率は各年代（15〜49歳）の女性の出生率を合計したもので、1人の女性が一生の間に産む平均的な子ども数に相当する。具体的に言えば、15 歳の女性の出生数を 15 歳の女性千人あたりの出生率に、16 歳の女性の出生数を 16 歳の女性千人あたりの出生率にというように年齢ごとの出生率に換算しそれを合計した値が合計特殊出生率である。

　図1に、1947 年から 2013 年までの出生数と合計特殊出生率のグラフを示す。1966 年の丙午の年を例外とすれば、戦後急速に低下した合計特殊出生率は、1957 年以降 2.0 あたりの値を保っていた。それが 1975 年ごろから低下しはじめ、1989 年には丙午の年を下回る 1.57 まで減少した。いわゆる「1.57 ショック」である。これが、少子化を社会問題として認識する契機となった。

　合計特殊出生率が「人口置換水準」の 2.07 を下回ると、人口が減少していくとされている。図1を見ると、1974 年以降 2.07 を上回った年は一度もない。減少傾向はその後

も続き、ついに2005年に過去最低の1.26まで低下した。2005年以降は上昇傾向にあるものの、2013年も1.43で人口を維持する「人口置換水準」には程遠い。次世代の人口が減少する状態が、ほぼ40年も続いている。

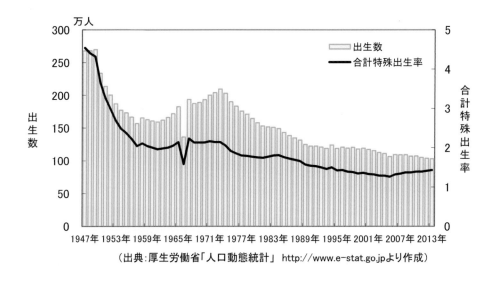

図1　出生数と合計特殊出生率の年次推移（1947年〜2013年）

合計特殊出生率は2005年以降上昇しているが、出生数は1973年の約209万人からひたすら減少し続け、2013年には約103万人と半減している。出生数が減少するなかで合計特殊出生率が上昇しているのは、合計特殊出生率の計算式の分母となる女性の数がより減少していることを表している。合計特殊出生率は増加しても、少子化はより深刻になっていると言える。

3. 少子化の原因

出生率低下の大きな要因は、晩婚化と非婚化であるとされている（注2）。5年ごとに実施される国勢調査をもとに、1960年から2010年までの女性の年齢別（5歳階級別）未婚率の推移を図2に示す。未婚率はどの年齢階級も1975年ごろから増加傾向を示しているが、20歳代、特に20歳代後半の未婚率の増加が著しい。

次に、女性の年齢別（5歳階級別）初婚率を図3に示す。1980年までは、20歳代前半の初婚率がもっとも高い。この初婚率のピークが、1980年から1990年の間に20歳代後半へ大きく移行し、明らかにこの時期に晩婚化が進んだことがわかる。1990年以降は、

20歳代の初婚率が次第に減少し、それに伴って30歳代前半の初婚率が年々増加してきている。30歳代前半へと、晩婚化がさらに進みつつあると言える。

（出典： 総務省「国勢調査」（2010年）
http://www.stat.go.jp/data/kokusei/2010/index.htmより作成）

図2　女性の年齢階級別未婚率の推移（1950年～2013年）

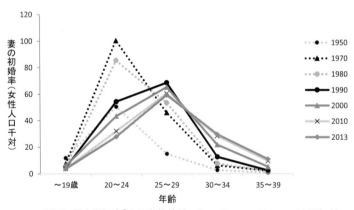

（出典：厚生労働省「人口動態統計」http://www.mhlw.go.jp/より作成）

図3　女性の年齢階級別初婚率の推移（1950年～2013年）

そこで、年齢階級別に見た女性千人に対する出生率の推移を図4に示す。20歳代の出生率が急速に低下し、その一方で、30歳代の出生率は1980年以降増加している。20歳代の未婚化が進行し、初婚率のピークが20歳代後半に移行したことから、出産の時期も30歳代へとずれ込んでいると考えられる。このことは、当然の結果として、夫婦の出生力低下につながっていく。

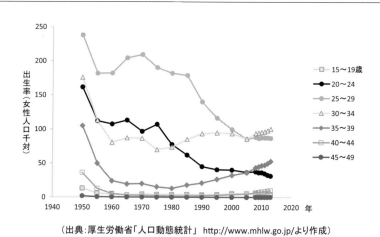

（出典：厚生労働省「人口動態統計」 http://www.mhlw.go.jp/より作成）

図4　年齢階級別出生率の推移（1950年～2013年）

　結婚持続期間15年から19年の夫婦の出生子ども数と完結出生児数の推移を図5に示す。完結出生児数とは、結婚持続期間15年から19年の夫婦の平均出生子ども数、すなわち最終的な平均子ども数である。図5を見ると、完結出生児数は2002年以降急速に減少し、2010年は1.96と初めて2.0を下回った。出生子ども数も、2002年以降は、3人、4人以上が減少し、0人、1人、2人が増加している。未婚化、晩婚化によって出産の時期が30歳代にずれ込むことで、子ども2人が限度という実態が読み取れる。結果として、完結出生児数の減少をもたらしている。

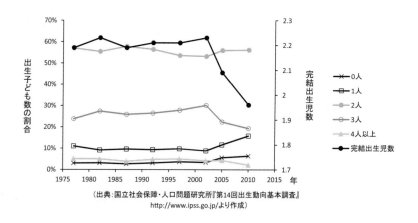

（出典：国立社会保障・人口問題研究所『第14回出生動向基本調査』
http://www.ipss.go.jp/より作成）

図5　完結出生児数と出生子ども数の推移（1977年～2010年）

4. 少子化対策の問題点

　少子化対策の始まりは、1994年の「エンゼルプラン」である。これにより、保育所の増設、延長保育などの保育対策が策定され、2001年には「待機児童ゼロ作戦」がスタートした。2002年以降は、仕事と子育ての両立支援がこれらに加わり、2003年に「次世代育成支援対策推進法」が施行された。また、1992年に施行された育児休業法を改正し、休業期間の延長や休業中の所得保障が実施され、経済的支援も得られるようになった。このような支援は確かに重要だが、松田が指摘するように「都市部に住む正規雇用者同士の共働き夫婦」への支援でしかない。さらに、松田は若年層の雇用の劣化により結婚できない若者や、結婚しても出産・育児が難しくなっている若者への支援がなければ、少子化の進行は止められないと主張している（注3）。

　また、山田も少子化の主因は、若年男性の雇用の不安定化と、パラサイト・シングル現象の合わせ技だと主張する。低収入の若者は親と同居することが多く、若者の収入の不安定化は未婚化に直結するからだ。そして、安定した収入が得られる若年雇用対策と同時に、子どもを育てる家庭に一定の所得保障をするなど、若者が希望を持てる環境を提供することが根本的な少子化対策であるとしている（注4）。

　いずれの主張も、少子化対策が単なる子育て支援にとどまっていたのでは改善されないことを指摘している。そもそも結婚という選択をしない若者、選択したくてもできない若者たちの非婚が増加することによる少子化への対策は、これまであまりとられてこなかった。非婚化がなぜ進行しているのか、その原因を探り対策を講じなければ、この急激な少子化を食い止めることはできないと考えられる。

5. 若者の経済的不安定さ

　2000年以降の若者の雇用はかなり悪化している。総務省の「労働力調査」によると、25歳から34歳までの男性非正規雇用者の割合は、2002年には9.4％であったが、2013年には16.4％まで増加している（図6）。そして、15歳から24歳までの男性非正規雇用者の割合は、20％台後半で高止まりしたままである。女性非正規雇用者の割合は、男性より高い（図7）。パートで働く主婦も含まれているため、数値が高いことが必ずしも労働環境の悪化とは言えない。しかし、15歳から24歳の女性非正規雇用者の割合は、2005年以降増加し続けている。

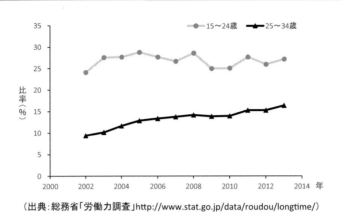

図6　年齢階級別非正規雇用者（男性）の割合の推移（2002年～2013年）

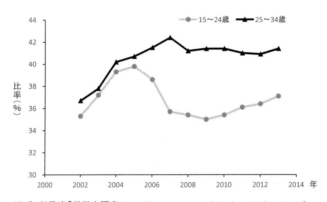

図7　年齢階級別非正規雇用者（女性）の割合の推移（2002年～2013年）

　このような若者の不安定な雇用が、結婚にどのように関係しているのかを調査した結果がある（注5）。松田の『少子化論』に掲載されているこの調査結果をもとに作成したのが図8、図9である。内閣府政策統括官が、2009年10月に20歳から49歳のインターネット登録モニターに対して実施した「平成21年度インターネット等による少子化施策の点検・評価のための利用者意識調査」のなかから、学生を除く、20歳から49歳の未婚者2939人を対象とした集計結果を用いて作成した。

　性別・雇用形態別にみた未婚者の年収を示したのが図8である。非正規雇用者の年収は、男性も女性も100万円から300万円未満が突出している。これに対し、正規雇用者は男性、女性ともに300万円から500万円未満の年収がもっとも多く、非正規雇用の未婚者の年収の低さが際立っている。

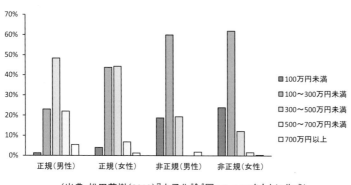

(出典:松田茂樹(2013)『少子化論』図2-1, p.76をもとに作成)

図 8　性別・雇用形態別にみた未婚者の年収（2009 年）

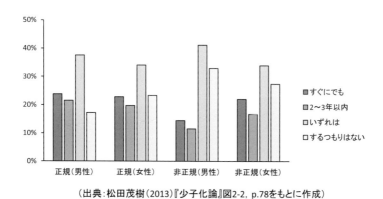

(出典:松田茂樹(2013)『少子化論』図2-2, p.78をもとに作成)

図 9　性別・雇用形態別にみた未婚者の結婚意識（2009 年）

　図 9 は性別・雇用形態別にみた未婚者の結婚意識を示したものである。いずれは結婚したいと思う割合がすべてでもっとも多くなっているが、非正規雇用者は男性も女性も結婚するつもりはないの項目がかなり高い割合になっている。このなかの多くは 40 歳代であるとされていることから、このまま非婚につながる可能性が高い。

　また、2011 年の出生動向基本調査によると、理想とする子どもの数の平均は 2.42 人、予定子ども数（現在の子ども数に予定子ども数を加えた数）の平均は 2.07 人で、理想と予定の間には 0.35 人の開きがある。この理想よりも少ない数の子どもしかもつつもりがない理由として最も多くの人があげたのが、「子育てや教育にお金がかかること」で、60.4 ％の人がこの理由を選んでいる（注 6）。これらの結果を踏まえると、夫婦の出生力低下も単身者と同様にその背景に経済的な要因を含んでいることがわかる。また、理

想より少ない子どもしかもつつもりがない理由に、「年齢上の問題」を挙げる人が35.1％にのぼることから、晩婚化も大きな要因となっている。しかし、晩婚化自体も経済的要因によることから、若者の経済的な不安定さが少子化の主要因であると考えられる。

6. むすび

　日本の少子化対策は、保育所増設や育児休業中の支援など、「都市部に住む正規雇用者同士の共働き夫婦」への支援が中心となっている。増加する非正規雇用の若者の非婚が進み、たとえ結婚しても出生力が低下する背景には、若者が置かれている厳しい労働環境における経済的不安定さがある。低所得から結婚をあきらめ、たとえ結婚したとしても子育てや教育にお金がかかる現状では、多くの子どもをもつ余裕はない。若者に安定した収入を保障し、教育費の公費負担など子育てにかかる費用を社会全体で負担するようにしなければ少子化は食い止められないだろう。

注

1. 国立社会保障・人口問題研究所，2006,「日本の将来推計人口」
　（http://www.ipss.go.jp/syoushika//tohkei/suikei07/P_HP_H1812_A/2-1-1.html
2. 河野，2007, pp.164-166
3. 松田，2013, pp.224-225
4. 山田，2007, pp.10-14
5. 松田，2013, pp.75-81
6. 国立社会保障・人口問題研究所，2010, p.7

参考文献

　河野稠果（2007）『人口学への招待　少子・高齢化はどこまで解明されたか』中公新書
　松田茂樹（2013）『少子化論　なぜまだ結婚・出産しやすい国にならないのか』勁草書房
　山田昌弘（2007）『少子社会日本―もうひとつの格差のゆくえ』岩波書店
　国立社会保障・人口問題研究所（2010）『第14回出生動向基本調査　夫婦調査の結果概要』（http://www.ipss.go.jp/ps-doukou/j/doukou14/doukou14.pdf）

9.2.2 プレゼンテーション

　最後に、プレゼンテーションを行うための資料の例を示しておきます。レポートにまとめた「深刻化する少子化、その背景」をもとにして作成しています。また、口頭発表する内容もポイントだけ列挙しておきますので、これらを参考にしてみなさんも効果的なプレゼンテーションを試みてください。

(1) タイトル

　レポートのタイトルと、学生番号、氏名を明記します。

```
┌─────────────────────────────────┐
│                                 │
│  ┌───────────────────────────┐  │
│  │  深刻化する少子化、その背景  │  │
│  └───────────────────────────┘  │
│                                 │
│                                 │
│                                 │
│           学生番号    氏   名     │
│                                 │
│                                 │
└─────────────────────────────────┘
```

スライド 1

(2) 問題提起と目的

　この研究発表では何を問題として取り上げるのか、その理由と目的を説明します。
　口頭発表 (スライド 2)

- 2013 年の合計特殊出生率は 1.43
- 少子化の原因　→　未婚化・晩婚化が進んだこと
- 最近は夫婦の出生力が低下
- 対策が講じられるなかで、少子化がさらに進行する　→　背景に何があるのか
- 若者がおかれている社会的、経済的な不安定さの視点からとらえる

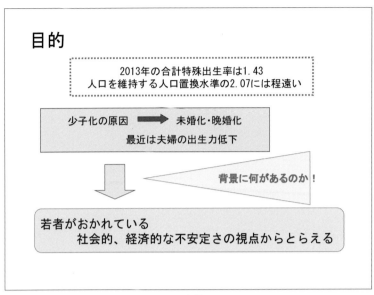

スライド2

このような内容を、話し言葉でわかりやすく説明します。

(3) 少子化の現状

1947年から2013年までの出生数と合計特殊出生率のグラフを提示します。
口頭発表(スライド3)

- 合計特殊出生率が2.07を下回ると人口が減少
- 1974年に2.05となる
- それ以降40年近く人口が減少する状態が続く
- 2005年に1.26まで低下
- 2013年は1.43

(4) 少子化の原因

女性の年齢階級別に、未婚率(1960年～2010年)、初婚率(1950年～2013年)、出生率(1950年～2013年)のグラフを提示します。
口頭発表(スライド4)

- 未婚率はどの年齢階級も増加、特に20歳代後半の未婚率の増加が著しい
- 1980年から1990年の間に、初婚率のピークが20歳代前半から20歳代後半へ大きく移行
    → 晩婚化

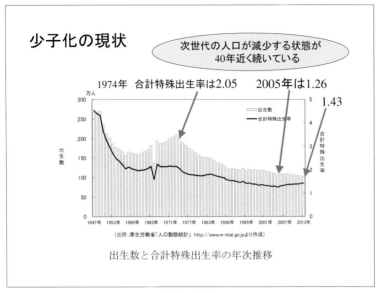

スライド3

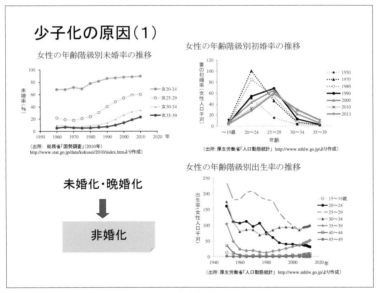

スライド4

- 20歳代の出生率が急速に低下
- 30歳代の出生率は1980年以降増加

完結出生児数と出生子ども数の推移（1977年〜2010年）のグラフを提示します。
口頭発表（スライド5）

- 完結出生児数が2002年以降急速に低下
- 2002年以降の出生子ども数は、3人、4人以上が減少し、0人、1人、2人が増加

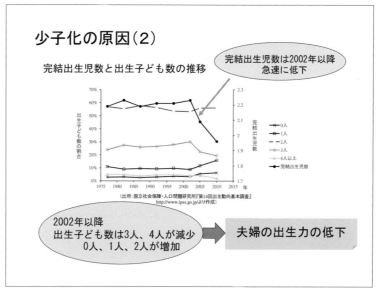

スライド 5

(5) 少子化対策の問題点

口頭発表（スライド 6）

- 1994 年に「エンゼルプラン」が策定された
- 2003 年に「次世代育成支援対策推進法」が施行
- 仕事と子育ての両立

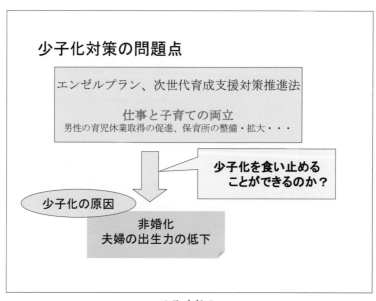

スライド 6

9.2 研究発表の例

- 「都市部に住む正規雇用者同士の共働き夫婦」への支援でしかない
- 非婚化の進行の原因を探り、対策を講じなければならない

(6) 若者の経済的不安定さ

　2002 年から 2013 年の性別・年齢階級別正規雇用者数、非正規雇用者数のグラフと、性別・雇用形態別にみた未婚者の年収、結婚意識のグラフを提示します。
口頭発表（スライド 7, 8）

- 25 歳から 34 歳までの男性非正規雇用者の割合は、2002 年 9.4 %、2013 年 16.4 %
- 15 歳から 24 歳の女性非正規雇用者の割合は、2005 年以降増加し続けている
- 非正規雇用者の年収は、男性も女性も 100 万円から 300 万円未満が突出している
- 正規雇用者は男性、女性ともに 300 万円から 500 万円未満の年収がもっとも多い
- 非正規雇用者は男性も女性も結婚するつもりはないがかなり高い
- 社会的、経済的に不安定さが若者の非婚を増加させている
- 理想よりも少ない数の子供しかもつつもりがない理由は「子どもの将来の教育にお金がかかること」(60.4 %)
- さらに「年齢上の問題」をあげる人が 35.1 %
- 夫婦の出生力低下もその背景に経済的な要因を含んでいる

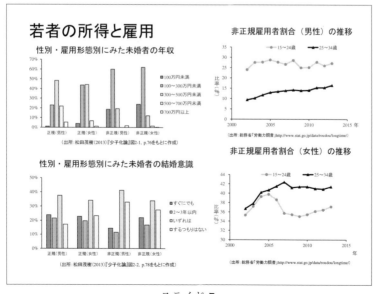

スライド 7

```
若者の経済的不安定さ

1. 2002年以降、25歳から34歳までの男性非正規雇用者が増加
2. 非正規雇用者の年収は100万円から300万円未満が突出
3. 非正規雇用者は「結婚するつもりはない」がかなり高い
   社会的、経済的に不安定な状況に追いやられるなかで
   非婚の若者が増えてきているものと考えられる

1. 理想よりも少ない数の子供しかもつつもりがない理由は
   「子どもの将来の教育にお金がかかること」（60.4%）
2. さらに、「年齢上の問題」をあげる人が35.1%
   夫婦の出生力低下もその背景に経済的な要因を含んでいる
```

スライド8

(7) まとめ

口頭発表（スライド9）

- 若者が置かれている厳しい労働環境における経済的不安定さが問題
- 低所得から結婚をあきらめる
- たとえ結婚したとしても子育てや教育にお金がかかる現状では多くの子どもをもつ余裕は

```
結論

  日本の少子化対策は
  「都市部に住む正規雇用者同士の共働き夫婦」への支援が中心

  若者が置かれている厳しい労働環境における経済的不安定さ

  低所得から結婚をあきらめる。
  たとえ結婚したとしても子育てや教育にお金がかかる現状では
      多くの子どもをもつ余裕はない。

  若者に安定した収入を保障し、教育費や子育てにかかる費用を
  社会全体で負担するようにしなければ
      少子化は食い止められないだろう。
```

スライド9

ない

- 若者に安定した収入を保障し、教育費や子育てにかかる費用を社会全体で負担するようにしなければ少子化は食い止められないだろう

　プレゼンテーションの資料が完成したら、みんなで発表です。活発な議論が展開されるよう、落ち着いてゆっくりと話しましょう。発表を聴く側は、「本当かな??」、「それはちょっと違うよ!!」のおまじないを忘れないようにしてください。聴いていてひっかかったこういう点は、ひとまずメモに書きとめておきます。発表が終わったら、このメモを見て質問を考えましょう。一つも質問がないというのは、何の成果も得られないプレゼンテーションということになります。これでは互いに時間の無駄です。このようなことにならないよう、みんなでプレゼンテーションを盛り上げてください。

参考文献

[1] 菊地登志子、根市一志、半田正樹著『新・情報リテラシーがはじまる!』、共立出版、2000.

[2] 菊地登志子、根市一志、半田正樹著『情報リテラシーの扉をひらく!』、共立出版、2005.

[3] S.Garfinkel, G.Spafford 著、安藤進、遠藤美代子訳『Web セキュリティ、プライバシー＆コマース』、オライリー・ジャパン、2002.

[4] S.Garfinkel 著、山本和彦監訳『PGP 暗号メールと電子署名』、オライリー・ジャパン、1996.

[5] Symantec「技術者でなくても分かる 電子証明書と PKI 入門」、http://www.symantec.com/ja/jp/page.jsp?id=pki-basics

[6] 富士通「SSL-VPN 入門」、http://fenics.fujitsu.com/products/ipcom/catalog/data/2/2.html

[7] 「特集 マルウェア」、情報処理学会誌 Vol.51 No.3、pp.235-303、情報処理学会、2010.

[8] 「特集 DoS 攻撃」、情報処理学会誌 Vol.54 No.5、pp.426-499、情報処理学会、2013.

[9] 東芝「CSR 企業の社会的責任」、http://www.toshiba.co.jp/csr/jp/index_j.htm

[10] NEC「CSR 経営」、http://www.necp.co.jp/csr/

[11] Yahoo セキュリティセンター、http://security.yahoo.co.jp/

[12] 総務省編『情報通信白書』各年版、日経印刷.（なお、総務省の Web 上にも公表されている）

[13] インターネット協会編『インターネット白書』各年版、インプレス.

[14] 電通総研編『情報メディア白書』各年版、ダイヤモンド社.

[15] 鈴木謙介『ウェブ社会のゆくえ─＜多孔化＞した現実のなかで』NHK 出版、2013.

[16] 高田明典『ネットが社会を破壊する』リーダーズノート出版、2013.

[17] J.L. ジットレイン（井口耕二訳）『インターネットが死ぬ日』早川書房、2009.

[18] V.M. ショーンベルガー；K. クキエ（斎藤栄一郎訳）『ビッグデータの正体─情報の産業革命が世界のすべてを変える』講談社、2013.

[19] SGCIME『増補新版 現代経済の解読 グローバル資本主義と日本経済』御茶の水書房、2013.

[20] 栗原伸一『入門 統計学─検定から多変量解析・実験計画法まで─』オーム社、2011.

[21] 森川公夫他『統計学』有斐閣、2008.

[22] 松田茂樹『少子化論 なぜまだ結婚・出産しやすい国にならないのか』勁草書房、2013.

索 引

■ 英字

ADSL, 25
AND 検索, 61

B 2 B, 52
B 2 C, 52

CGPI, 148
CiNii Articles, 62
CiNii Books, 61
CPI, 147
C 2 B 2 C, 52
C 2 C, 52

e-Gov, 53

Facebook, 51

Google Scholar, 62
G 2 B, 52

IMAP, 27
ISBN, 60
ISSN, 60

JAIRO, 63
JSTOR, 62

LINE, 51

mixi, 51
MTA, 26
MUA, 26

NDL Search, 62
NDL-OPAC, 62
NOT 検索, 61

OPAC, 60
OR 検索, 61

POP, 27
P 2 P, 52

Repository, 63

sendmail, 26
SET, 57
smail, 26
SMTP, 27
SNS, 47, 51
SSL, 41

TCP/IP, 8, 47
Twitter, 51

Web, 11
Web コマース, 51
Web2.0, 47
WWW, 48

Yahoo!ショッピング, 54

■ あ行

暗号, 30
暗号化, 30
暗号化アルゴリズム, 30

インターネット・ショッピング, 9
インフレ, 150

ウイルス, 16

円グラフ, 111

オープン・デジタル・ネットワーク, 48

オリジナリティ, 79
折れ線グラフ, 108
卸売物価指数, 148
ダイレクト・サプライ・オン・デマンド, 49

■ か行
カーリル, 62
回帰式, 160
回帰分析, 146, 160
換字暗号, 30
仮想商店街, 53

企業物価指数, 148
共通鍵暗号方式, 32
共有鍵暗号方式, 32

クラウド・コンピューティング・サービス, 15
クラッカー, 16

経済指標・統計データ, 67
決定係数, 161
検索エンジン, 64
検索ツール, 64

公開鍵, 33
公開鍵暗号方式, 33
鉱工業生産指数, 164
公衆（Public）コミュニケーション, 50
個別対応, 49

■ さ行
サーチエンジン, 64
最小値, 126
最大値, 126
サイバー犯罪, 15
最頻値, 124
残差, 161

シェアウェア, 14
自己責任, 22
自己防衛, 22
実質値, 147
重回帰分析, 167
消費者物価指数, 147
商標権, 15
情報, 9
情報倫理, 10

スパイウェア, 17
スパムメール, 20

説明変数, 160

相関係数, 146, 153
双方向性, 49

■ た行
第3次産業活動指数, 164
対称鍵暗号方式, 32

チェーンメール, 19
知的財産権, 13
注, 84
中央値, 124
著作権, 13
著作権法, 13

DDoS攻撃, 18
デジタル署名, 33, 34
データ, 9
デフレ, 150
デフレータ, 147
電子契約法, 56
電子証明書, 36
電子署名, 33, 34
電子マネー, 57

統計量, 124
同人（Group）コミュニケーション, 50
DoS攻撃, 18
特許権, 14
トロイの木馬, 17

■ な行
日本図書館協会, 61

■ は行
ハッカー, 16
パターンマッチング方式, 18
範囲, 126

ヒストグラム, 126, 127
被説明変数, 160
非対称鍵暗号方式, 33
ビッグデータ, 55
秘密鍵, 33
秘密鍵暗号方式, 32
標準偏差, 125

フィッシング詐欺, 21

プライバシーの侵害, 12
ブラウザ, 49
フリーソフトウェア, 14
プレゼンテーション, 175
ブログ, 51
文献, 84
分散, 125

平均値, 124

棒グラフ, 109
ボット, 17
ボットネット, 17

■ ま行
マネーサプライ, 151
マネーストック, 150
マルウェア, 16

名目値, 147
メーリングリスト, 174
メジアン, 124
メーラー, 26

モード, 124
目的変数, 160

■ ら行
楽天市場, 54

リモートコンピューター, 15

ローカルコンピューター, 15
論点の設定, 78
論理検索, 61

■ わ行
ワーム, 17

Memorandum

Memorandum

Memorandum

〈著者紹介〉

菊地　登志子（きくち　としこ）
1997年　宇都宮大学大学院工学研究科博士後期課程修了
専　攻　情報工学
現　在　東北学院大学名誉教授　博士（工学）

根市　一志（ねいち　かずし）
1994年　東北大学大学院理学研究科博士課程後期修了
専　攻　高エネルギー物理学、情報科学
現　在　東北学院大学経営学部　教授　博士（理学）

半田　正樹（はんだ　まさき）
1979年　東北大学大学院経済学研究科博士課程単位取得修了
専　攻　情報経済論、現代資本主義論
現　在　東北学院大学名誉教授　経済学修士

情報活用の「眼」
――データ収集・分析,
　そしてプレゼンテーション
The Active Guide for Information Utilization

2015年 2月25日　初版 1 刷発行
2022年 3月 1日　初版 9 刷発行

検印廃止
NDC 007.3
ISBN 978-4-320-12385-4

著　者　菊地登志子
　　　　根市　一志　Ⓒ 2015
　　　　半田　正樹

発行者　南條　光章

発　行　共立出版株式会社
　　　　東京都文京区小日向 4 丁目 6 番 19 号
　　　　電話 東京(03)3947-2511番（代表）
　　　　郵便番号 112-0006
　　　　振替口座 00110-2-57035 番
　　　　URL　www.kyoritsu-pub.co.jp

印　刷　中央印刷株式会社
製　本　協栄製本

一般社団法人
自然科学書協会
会員

Printed in Japan

JCOPY ＜出版者著作権管理機構委託出版物＞
本書の無断複製は著作権法上での例外を除き禁じられています。複製される場合は，そのつど事前に，出版者著作権管理機構（ＴＥＬ：03-5244-5088，ＦＡＸ：03-5244-5089，e-mail：info@jcopy.or.jp）の許諾を得てください。

編集委員：白鳥則郎(編集委員長)・水野忠則・高橋 修・岡田謙一

未来へつなぐデジタルシリーズ

❶ インターネットビジネス概論 第2版
　片岡信弘・工藤　司他著‥‥‥‥208頁・定価2970円

❷ 情報セキュリティの基礎
　佐々木良一監修／手塚　悟編著‥244頁・定価3080円

❸ 情報ネットワーク
　白鳥則郎監修／宇田隆哉他著‥‥208頁・定価2860円

❹ 品質・信頼性技術
　松本平八・松本雅俊他著‥‥‥‥216頁・定価3080円

❺ オートマトン・言語理論入門
　大川　知・広瀬貞樹他著‥‥‥‥176頁・定価2640円

❻ プロジェクトマネジメント
　江崎和博・髙根宏士他著‥‥‥‥256頁・定価3080円

❼ 半導体LSI技術
　牧野博之・益子洋治他著‥‥‥‥302頁・定価3080円

❽ ソフトコンピューティングの基礎と応用
　馬場則夫・田中雅博他著‥‥‥‥192頁・定価2860円

❾ デジタル技術とマイクロプロセッサ
　小島正典・深瀬政秋他著‥‥‥‥230頁・定価3080円

❿ アルゴリズムとデータ構造
　西尾章治郎監修／原　隆浩他著　160頁・定価2640円

⓫ データマイニングと集合知 基礎からWeb,ソーシャルメディアまで
　石川　博・新美礼彦他著‥‥‥‥254頁・定価3080円

⓬ メディアとICTの知的財産権 第2版
　菅野政孝・大谷卓史他著‥‥‥‥276頁・定価3190円

⓭ ソフトウェア工学の基礎
　神長裕明・郷　健太郎他著‥‥‥202頁・定価2860円

⓮ グラフ理論の基礎と応用
　舩曳信生・渡邉敏正他著‥‥‥‥168頁・定価2640円

⓯ Java言語によるオブジェクト指向プログラミング
　吉田幸二・増田英孝他著‥‥‥‥232頁・定価3080円

⓰ ネットワークソフトウェア
　角田良明編著／水野　修他著‥‥192頁・定価2860円

⓱ コンピュータ概論
　白鳥則郎監修／山崎克之他著‥‥276頁・定価2640円

⓲ シミュレーション
　白鳥則郎監修／佐藤文明他著‥‥260頁・定価3080円

⓳ Webシステムの開発技術と活用方法
　速水治夫編著／服部　哲他著‥‥238頁・定価3080円

⓴ 組込みシステム
　水野忠則監修／中條直也他著‥‥252頁・定価3080円

㉑ 情報システムの開発法：基礎と実践
　村田嘉利編著／大場みち子他著‥200頁・定価3080円

㉒ ソフトウェアシステム工学入門
　五月女健治・工藤　司他著‥‥‥180頁・定価2860円

㉓ アイデア発想法と協同作業支援
　宗森　純・由井薗隆也他著‥‥‥216頁・定価3080円

㉔ コンパイラ
　佐渡一広・寺島美昭他著‥‥‥‥174頁・定価2860円

㉕ オペレーティングシステム
　菱田隆彰・寺西裕一他著‥‥‥‥208頁・定価2860円

㉖ データベース ビッグデータ時代の基礎
　白鳥則郎監修／三石　大他編著‥280頁・定価3080円

㉗ コンピュータネットワーク概論
　水野忠則監修／奥田隆史他著‥‥288頁・定価3080円

㉘ 画像処理
　白鳥則郎監修／大町真一郎他著‥224頁・定価3080円

㉙ 待ち行列理論の基礎と応用
　川島幸之助監修／塩田茂雄他著‥272頁・定価3300円

㉚ C言語
　白鳥則郎監修／今野将編集幹事・著 192頁・定価2860円

㉛ 分散システム 第2版
　水野忠則監修／石田賢治他著‥‥268頁・定価3190円

㉜ Web制作の技術 企画から実装，運営まで
　松本早野香編著／服部　哲他著‥208頁・定価2860円

㉝ モバイルネットワーク
　水野忠則・内藤克浩監修‥‥‥‥276頁・定価3300円

㉞ データベース応用 データモデリングから実装まで
　片岡信弘・宇田川佳久他著‥‥‥284頁・定価3520円

㉟ アドバンストリテラシー ドキュメント作成の考え方から実践まで
　奥田隆史・山崎敦子他著‥‥‥‥248頁・定価2860円

㊱ ネットワークセキュリティ
　高橋　修監修／関　良明他著‥‥272頁・定価3080円

㊲ コンピュータビジョン 広がる要素技術と応用
　米谷　竜・斎藤英雄編著‥‥‥‥264頁・定価3080円

㊳ 情報マネジメント
　神沼靖子・大場みち子他著‥‥‥232頁・定価3080円

㊴ 情報とデザイン
　久野　靖・小池星多他著‥‥‥‥248頁・定価3300円

＊続刊書名＊

・コンピュータグラフィックスの基礎と実践

・可視化

（価格，続刊署名は変更される場合がございます）

【各巻】B5判・並製本・税込価格

共立出版　　www.kyoritsu-pub.co.jp